野村俊一 著

カルマンフィルタ

Rを使った時系列予測と状態空間モデル

統計学 One Point 2

共立出版

「統計学 One Point」編集委員会

「統計学 One Point」刊行にあたって

まず述べねばならないのは，著名な先人たちが編纂された共立出版の『数学ワンポイント双書』が本シリーズのベースにあり，編集委員の多くがこの書物のお世話になった世代ということである．この『数学ワンポイント双書』は数学を理解する上で，学生が理解困難と思われる急所を理解するために編纂された秀作本である．

現在，統計学は，経済学，数学，工学，医学，薬学，生物学，心理学，商学など，幅広い分野で活用されており，その基本となる考え方・方法論が様々な分野に散逸する結果となっている．統計学は，それぞれの分野で必要に応じて発展すればよいという考え方もある．しかしながら統計を専門とする学科が分散している状況の我が国においては，統計学の個々の要素を構成する考え方や手法を，網羅的に取り上げる本シリーズは，統計学の発展に大きく寄与できると確信するものである．さらに今日，ビッグデータや生産の効率化，人工知能，IoT など，統計学をそれらの分析ツールとして活用すべしという要求が高まっており，時代の要請も機が熟したと考えられる．

本シリーズでは，難解な部分を解説することも考えているが，主として個々の手法を紹介し，大学で統計学を履修している学生の副読本，あるいは大学院生の専門家への橋渡し，また統計学に興味を持っている研究者・技術者の統計的手法の習得を目標として，様々な用途に活用していただくことを期待している．

本シリーズを進めるにあたり，それぞれの分野において第一線で研究されている経験豊かな先生方に執筆をお願いした．素晴らしい原稿を執筆していただいた著者に感謝申し上げたい．また各巻のテーマの検討，著者への執筆依頼，原稿の閲読を担っていただいた編集委員の方々のご努力に感謝の意を表するものである．

編集委員会を代表して　鎌倉稔成

まえがき

本書は，確率と統計の基礎を修めた学部上級以上の学生や社会人向けに，主にカルマンフィルタを用いた時系列解析の方法論と，統計解析ソフトウェアRを用いたデータ解析の実践的な指南を与えたものである．ほとんどの企業が売上高の増減要因を分析して将来の見込みを立てるように，巷には時系列データを分析して予測する状況が溢れ返っている．その様々な時系列分析のニーズに応えられる柔軟な時系列モデルの枠組みとして状態空間モデルがあり，状態空間モデルの推定をコンピュータで高速に与える計算手法がカルマンフィルタである．

カルマンフィルタは元来，工学分野における動的システム制御の手法として，カルマン（Kalman）の論文 [13] で提案されたものであった．その後，統計分野における時系列解析手法としてのカルマンフィルタの有用性が見出され，現在に至るまで様々な派生形が生まれるとともに，その応用範囲を拡大してきた．これまで最も普及してきた実用的な時系列モデルとしては ARIMA モデルが挙げられるが，データの多様化と大容量化によって従来の ARIMA モデルでは対応できない整数型やバイナリ型の時系列，相関をもつ複数の時系列，非線形な挙動をする時系列などを扱う状況が出現し，より発展性のある状態空間モデルの出番が増えるようになった．

本書における状態空間モデルおよびカルマンフィルタの解説の流れと記法は，主に文献 [9] に沿って書かれているが，その内容は本書の目的に照らして必要最小限へと抑えているため，関連情報や理論の詳細は文献 [9] および本書の本文中に挙げた引用文献を参照されたい．カルマンフィルタの文献は洋書・和書問わず多数の良書が発刊されているが，本書の特色は多種多様な時系列に対応できるよう豊富な解析例と具体的な解析コードの例示に全体の約 3 分の 1 を注いだ点にある．他にも文献 [4] では手法の詳細を省く代わりに解析例が丁寧かつ平易に解説されており，その解析にはクープマンらが開発したC言語のライブラリが用いられている．本書で示す解析コードは，統計解析を行う者にとって馴染みのあるフリーの統計解析ソフトRで記述しており，特にカルマンフィルタでの解析に関してはRの`KFAS`パッケージを用い，利用上の留意事項まで詳しい解説を与えた．なお，文献 [19] ではもう一つのとても有用なカルマンフィルタのRパッケージである`dlm`による解析例が多数示されているが，パッケージ`KFAS`を用いる主な利点として，非定常モデルの初期化に厳密な尤度が与えられ赤池情報量規準によるモデル選択が扱えること，カウントやバイナリデータなどの正規分布以外から生成された観測データを扱えることの二つが挙げられる．本書では，誰でもデータをとれる体重計測記録や，企業などの月次販売額の推移，日々の火災件数に，満期の異なる金利といった様々な身近なデータに対する解析例を示すことで，読者の方にも状態空間モデルとカルマンフィルタの応用を拡げてもらうことを狙いとしている．

本書の構成は以下のとおりである．まず第1章では事前準備として多変量の確率分布と時系列の基礎知識および代表的な時系列モデルについて解説する．第2章以降では状態空間モデルが導入され，第2章では最も基本的な状態空間モデルであるローカルレベルモデルを，第3章では線形モデルと正規（ガウス）分布を仮定した状態空間モデルを扱い，それらの解析手法としてカルマンフィルタを導入する．続く第4章では，第3章のモデルに対して観測分布を正規分布以外へと拡張した非ガウス状態空間モデルと，その解析手法を扱う．解析手法にはインポータンス・サンプリングと呼ばれるモンテカルロ法が用いられるが，そこでもカルマンフィルタの繰り返し適用がベースとなっている．最後の第5章では，非線形かつ非ガウスな状態空間モデルの一般形を扱い，その解析手法として粒子フィルタを紹介する．図1に示すように，第2章から第5章に進むに連れて，扱うモデルがより一般化されていく流れをとっている．なお，本書では扱わないが，他にも非線形なガウス状態空間モデルを扱う手法として，拡張カルマンフィルタや無香カルマンフィルタなどが提案されており，それらについては例えば文献 [14, 2] を参照されたい．

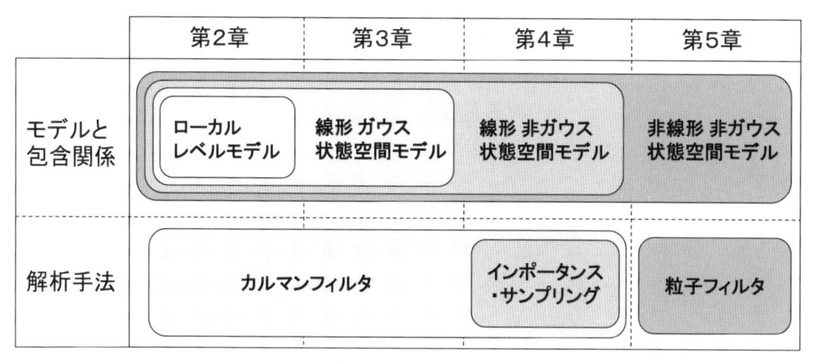

図1　本書の各章で扱うモデルと解析手法.

最後に，本書の執筆機会をくださった慶應義塾大学の渡辺美智子先生ならびに編集委員の方々，執筆途中の段階から内容を確認し意見をくださった東京工業大学の叶開氏，高橋宏典氏，そして，本書を担当された共立出版の諸氏に深く感謝の意を表する.

2016年7月

野村俊一

目　次

第1章

確率分布と時系列に関する準備事項

1.1 多変量確率分布の基礎

初めに，本書で扱う時系列モデルと解析手法を理解するための事前準備として，多変量確率分布に従う確率ベクトルを導入し，確率密度関数および期待値の定義とその基本的性質を解説する．本書ではベクトルや行列に関する期待値の演算が多く登場するので，慣れていない読者は適宜本節を参照してもらいたい．

さらに，第2章と第3章のカルマンフィルタの導出において最も重要な役割を果たす多変量正規分布について定義し，本書で利用する多変量正規分布のいくつかの基本的な結果を示す．

1.1.1 確率ベクトルの同時分布と期待値

実数値をとる m 個の確率変数 $x_1, \ldots, x_m$ を縦に並べたベクトル

$$x = \begin{pmatrix} x_1 \\ \vdots \\ x_m \end{pmatrix} = (x_1 \ \cdots \ x_m)'$$

を m 次元の**確率ベクトル**（random vector）と呼ぶ．ただし $'$ はベクトルあるいは行列の転置を表すものとする．

確率ベクトル x の確率分布は成分 $x_1, \ldots, x_m$ に対する**同時分布**（joint

distribution）と呼ばれる．確率ベクトル x の各成分が連続的な実数値をとる連続確率ベクトルであるとき，その確率密度関数を $p(x) = p(x_1, \ldots, x_m)$ で表し，x の**同時密度関数**（joint probability density function）と呼ぶ．このとき，ある集合 $\mathcal{X} \subseteq \mathbb{R}^m$ に x が入る確率 $\mathrm{P}(x \in \mathcal{X})$ は積分

$$\mathrm{P}(x \in \mathcal{X}) = \int_{\mathcal{X}} p(x)dx \tag{1.1}$$

によって求められる．この積分は本来 $dx = dx_1 dx_2 \cdots dx_m$ による m 重積分であるが，本書では上式のように表す．また，確率ベクトル x がたかだか可算無限個のベクトル値集合 $Z^m = \{z_1, z_2, \ldots \in \mathbb{R}^m\}$ のいずれかをとる離散確率ベクトルであるとき，$p(z) = \mathrm{P}(x = z)$ は x の**同時確率関数**（joint probability mass function）と呼ばれ，このとき $\mathcal{X} \subseteq Z^m$ に対して式 (1.1) は $\mathrm{P}(x \in \mathcal{X}) = \sum_{z \in \mathcal{X}} p(z)$ となる．以降，本書では離散確率ベクトルを区別せずに連続確率ベクトルと同様の表記で扱うこととする．

実数値関数 $f : \mathbb{R}^m \to \mathbb{R}$ に対して，$f(x)$ の期待値 $\mathrm{E}[f(x)]$ は次式のように定義される．

$$\mathrm{E}[f(x)] = \int f(x)p(x)dx. \tag{1.2}$$

f がベクトル値関数や行列値関数である場合の期待値は，成分ごとに式 (1.2) の期待値を計算する．例えば $f(x)$ が $p \times q$ 行列値関数である場合の期待値は

$$\mathrm{E}[f(x)] = \begin{pmatrix} \mathrm{E}[f_{11}(x)] & \cdots & \mathrm{E}[f_{1q}(x)] \\ \vdots & \ddots & \vdots \\ \mathrm{E}[f_{p1}(x)] & \cdots & \mathrm{E}[f_{pq}(x)] \end{pmatrix} \tag{1.3}$$

と定義される．ここで，積分範囲の省略された積分 $\int$ は x の定義域全体における積分とする．特に，確率ベクトル x の期待値

$$\mathrm{E}(x) = \begin{pmatrix} \mathrm{E}(x_1) \\ \vdots \\ \mathrm{E}(x_m) \end{pmatrix} \tag{1.4}$$

は x の**平均ベクトル**（mean vector）と呼ばれる．

今度は，m 次元確率ベクトル $x = (x_1 \ \cdots \ x_m)'$ と n 次元確率ベクトル $y = (y_1 \ \cdots \ y_n)'$ の二つの確率ベクトルに対して，x と y の**共分散行列**（covariance matrix）を次式のように定義する．

$$\mathrm{Cov}(x, y) = \mathrm{E}\{[x - \mathrm{E}(x)]'[y - \mathrm{E}(y)]\}. \tag{1.5}$$

特に，$\mathrm{Var}(x) = \mathrm{Cov}(x, x)$ を x の**分散共分散行列**（分散行列：variance-covariance matrix）と呼ぶ．定義から自明に $\mathrm{Cov}(x, y) = [\mathrm{Cov}(y, x)]'$，$\mathrm{Var}(x) = [\mathrm{Var}(x)]'$ が成り立ち，また任意の定数ベクトル $a \in \mathbb{R}^m$，$b \in \mathbb{R}^n$ に対して $\mathrm{Cov}(x + a, y + b) = \mathrm{Cov}(x, y)$，$\mathrm{Var}(x + a) = \mathrm{Var}(x)$ が成り立つ．なお共分散行列 $\mathrm{Cov}(x, y)$ は，各成分間の共分散 $\mathrm{Cov}(x_i, y_j) = \mathrm{E}\{[x_i - \mathrm{E}(x_i)][y_j - \mathrm{E}(y_j)]\}$，$i = 1, \ldots, m$，$j = 1, \ldots, n$ を成分とする行列としても得ることができる．

ここで，確率ベクトルの期待値演算は次の性質をみたすことが容易に示される．

$$\mathrm{E}(Ax) = A\,\mathrm{E}(x), \quad \mathrm{E}(x_1 + x_2) = \mathrm{E}(x_1) + \mathrm{E}(x_2). \tag{1.6}$$

ただし x, x_1, x_2 はそれぞれ m 次元確率ベクトル，A は $p \times m$ 行列である．期待値の性質 (1.6) からさらに，確率ベクトルの共分散に関する性質が次のように得られる．

$$\begin{aligned} \mathrm{Cov}(Ax, By) &= A\,\mathrm{Cov}(x, y)B', \\ \mathrm{Cov}(x_1 + x_2, y) &= \mathrm{Cov}(x_1, y) + \mathrm{Cov}(x_2, y), \\ \mathrm{Cov}(x, y_1 + y_2) &= \mathrm{Cov}(x, y_1) + \mathrm{Cov}(x, y_2). \end{aligned} \tag{1.7}$$

ただし y, y_1, y_2 はそれぞれ n 次元確率ベクトル，B は $q \times n$ 行列である．また，式 (1.7) から分散についても

$$\mathrm{Var}(Ax) = A\,\mathrm{Var}(x)A' \tag{1.8}$$

がいえる．

なお，式 (1.8) と $\mathrm{Var}(x)' = \mathrm{Var}(x)$ より，分散共分散行列 $\mathrm{Var}(x)$ は半

正定値対称行列であることがわかる．半正定値とは，x と同次元の任意のベクトル y に対して

$$y' \operatorname{Var}(x) y = \operatorname{Var}(y'x) \geq 0 \tag{1.9}$$

が成り立つことをいう．特に半正定値対称行列が正則行列であれば，$y \neq 0$ に対して式 (1.9) の左辺が真にゼロより大きくなり，このとき $\operatorname{Var}(x)$ は正定値対称行列という．正定値対称行列 $\operatorname{Var}(x)$ に対して，対角成分が全て正かつ対角成分より下の要素が全てゼロである正則な上三角行列 U で

$$\operatorname{Var}(x) = U'U \tag{1.10}$$

をみたすものが一意に存在する．このような正定値対称行列の分解は**コレスキー分解**（Cholesky decomposition）と呼ばれ，分散共分散行列を推定する際に用いると便利である．また，$\operatorname{Var}(x)$ が正定値対称行列のとき，その逆行列 $[\operatorname{Var}(x)]^{-1}$ も正定値対称行列となり，上三角行列 $V = U^{-1\prime}$ を用いて $[\operatorname{Var}(x)]^{-1} = (U'U)^{-1} = U^{-1}U^{-1\prime} = V'V$ とコレスキー分解される．

1.1.2　確率ベクトルの周辺分布と条件付き分布

二つの確率ベクトル x, y の同時分布に対する同時密度関数が $p(x, y)$ と与えられているものとする．このとき，x 単独の確率分布を x の**周辺分布**（marginal distribution）と呼び，その確率密度関数を $p(x)$ で表し x の**周辺密度関数**（marginal probability density function）と呼ぶ．また，確率ベクトル y の値が得られているときに x が従う確率分布を，y が与えられた下での x の**条件付き分布**（conditional distribution）と呼び，その確率密度関数を $p(x|y)$ で表し**条件付き密度関数**（conditional probability density function）と呼ぶ．

x と y の周辺密度関数 $p(x), p(y)$ および y が与えられた下での x の条件付き密度関数 $p(x|y)$ は，次式のようにして得られる．

$$p(x) = \int p(x,y)dy, \quad p(y) = \int p(x,y)dx,$$
$$p(x|y) = \frac{p(x,y)}{p(y)}. \tag{1.11}$$

これらの式から，x と y の同時密度関数は周辺密度関数および条件付き密度関数を用いて

$$p(x,y) = p(x|y)p(y) = p(y|x)p(x) \tag{1.12}$$

と分解でき，さらに，条件付き密度関数の関係式

$$p(y|x) = \frac{p(x|y)p(y)}{p(x)} = \frac{p(x|y)p(y)}{\int p(x|y)p(y)dy} \tag{1.13}$$

が得られる．この等式 (1.13) は**ベイズの定理**（Bayes' theorem）と呼ばれ，y から x への因果関係 $p(x|y)$ を利用して，逆に結果 x から原因 y が推論できることを意味している．ベイズの定理は，時系列の観測値からそれを生み出した内部状態を推測するという，本書の状態空間モデルの考え方の根幹をなしている．

次に，条件付き分布に基づいて，y が与えられた下での x の実数値関数 $f(x)$ の**条件付き期待値**（conditional expectation）$\mathrm{E}[f(x)|y]$ を，x の条件付き密度関数 $p(x|y)$ に対する期待値として次式のように定義する．

$$\mathrm{E}[f(x)|y] = \int f(x)p(x|y)dx. \tag{1.14}$$

$f(x)$ がベクトル値あるいは行列値をとる関数である場合は，式 (1.3) と同様に成分ごとに条件付き期待値をとる．特に，y が与えられた下での x の条件付き分布における平均ベクトル $\mathrm{E}(x|y)$ を**条件付き平均**（conditional mean），分散行列 $\mathrm{Var}(x|y) = \mathrm{E}\{[x-\mathrm{E}(x)]'[x-\mathrm{E}(x)]|y\}$ を**条件付き分散**（conditional variance）と呼ぶ．同様に，y が与えられた下での二つの確率ベクトル x_1, x_2 の**条件付き共分散**（conditional covariance）も $\mathrm{Cov}(x_1,x_2|y) = \mathrm{E}\{[x_1-\mathrm{E}(x_1)]'[x_2-\mathrm{E}(x_2)]|y\}$ により定義される．これらは平均，分散，共分散に関する性質 (1.6)，(1.8)，(1.7) を同様にみたす．条件付き平均 $\mathrm{E}(x|y)$ と条件付き分散 $\mathrm{Var}(x|y)$ を用いて，x の周辺

分布における平均ベクトル $\mathrm{E}(x)$ および分散行列 $\mathrm{Var}(x)$ を次のように表すことができる.

$$\begin{aligned}\mathrm{E}(x) &= \mathrm{E}[\mathrm{E}(x|y)], \\ \mathrm{Var}(x) &= \mathrm{E}[\mathrm{Var}(x|y)] + \mathrm{Var}[\mathrm{E}(x|y)].\end{aligned} \tag{1.15}$$

なお，以上の条件付き密度関数および条件付き期待値に関する結果は，さらに別の確率ベクトル z を条件に加えても全て同様に適用できる．例えば，ベイズの定理 (1.13) は $p(y|x,z) = p(x|y,z)p(y|z)/p(x|z)$ としても成り立ち，また式 (1.15) から条件付き平均と条件付き分散の関係式 $\mathrm{E}(x|z) = \mathrm{E}[\mathrm{E}(x|y,z)|z]$，$\mathrm{Var}(x|z) = \mathrm{E}[\mathrm{Var}(x|y,z)|z] + \mathrm{Var}[\mathrm{E}(x|y,z)|z]$ が得られる．特に，k 個の確率ベクトル $x_1,\ldots,x_k$ の同時密度関数に対して式 (1.12) を帰納的に用いることで

$$p(x_1,\ldots,x_k) = p(x_1)p(x_2|x_1)\cdots p(x_k|x_1,\ldots,x_{k-1}) \tag{1.16}$$

と分解することができる.

最後に，異なる確率ベクトル間の**独立性**（independence）について定義し，周辺分布や条件付き分布との関連について説明する．k 個の確率ベクトル $x_1,\ldots,x_k$ の同時密度関数が

$$p(x_1,\ldots,x_k) = p(x_1)p(x_2)\cdots p(x_k) = \prod_{i=1}^{k} p(x_i) \tag{1.17}$$

のように各確率ベクトルの周辺密度関数の積に分解できるとき，$x_1,\ldots,x_k$ は互いに独立であるという．このとき，各確率ベクトルに対する関数 $f_1(x_1),\ldots,f_k(x_k)$ の積の期待値についても

$$\mathrm{E}\left[\prod_{i=1}^{k} f_i(x_i)\right] = \prod_{i=1}^{k} \mathrm{E}[f_i(x_i)] \tag{1.18}$$

と分解することができる．式 (1.17) と式 (1.12) を比べると，各確率ベクトル x_i の条件付き密度関数は他の確率ベクトル $x_1,\ldots,x_{i-1},x_{i+1},\ldots,x_k$ に依存せず，周辺密度関数 $p(x_i)$ に従うことがわかる．同様に式 (1.18)

から，$f_i(x_i)$ の条件付き期待値も他の確率ベクトル $x_1, \ldots, x_{i-1}, x_{i+1}, \ldots, x_k$ に依存せず，周辺分布に関する期待値 $\mathrm{E}[f_i(x_i)]$ と等しくなることがわかる．

1.1.3　多変量正規分布の定義と基本的性質

確率ベクトル $x = (x_1, \ldots, x_m)'$ が次式の同時密度関数をもつとき，x の同時分布を平均ベクトル $\mu = (\mu_1, \ldots, \mu_m)'$，分散共分散行列 Σ をもつ**多変量正規分布**（m 変量正規分布，multivariate normal distribution）と呼び，記号では $N(\mu, \Sigma)$ と表す．

$$p(x) = (2\pi)^{-m/2} (\det \Sigma)^{-1/2} \exp\left\{ -\frac{1}{2}(x-\mu)'\Sigma^{-1}(x-\mu) \right\}. \tag{1.19}$$

ここで $\det \Sigma$ は Σ の行列式である．

多変量正規分布の重要な性質として，任意の $p \times m$ 行列 A と任意の p 次元ベクトル b による多変量正規確率ベクトル $x \sim N(\mu, \Sigma)$ の 1 次変換 $Ax + b$ はまた多変量正規分布に従うことを，多変量正規分布の特性関数を用いて示すことができる．ここで，期待値と分散に関する性質 (1.6), (1.8) から $\mathrm{E}(Ax+b) = A\mu + b$ と $\mathrm{Var}(Ax+b) = A\Sigma A'$ が得られ，定義式 (1.19) から多変量正規分布は平均ベクトルと分散共分散行列によって一意に定まるので，$Ax + b$ の分布は具体的に

$$Ax + b \sim N(A\mu + b, A\Sigma A') \tag{1.20}$$

となることがわかる．

次に，多変量正規分布における周辺分布と独立性，条件付き分布について議論する．m 変量正規確率ベクトル $x = (x_1, \ldots, x_m)'$ を先頭から k 個の成分 y_1 と後ろから $m-k$ 個の成分 y_2 に分けて，x の平均ベクトル μ と分散共分散行列 Σ も同じ成分で分けることで次のように表す．

$$x = \begin{pmatrix} y_1 \\ y_2 \end{pmatrix}, \quad \mu = \begin{pmatrix} \mu_1 \\ \mu_2 \end{pmatrix}, \quad \Sigma = \begin{pmatrix} \Sigma_{11} & \Sigma_{12} \\ \Sigma_{21} & \Sigma_{22} \end{pmatrix}.$$

このとき，平均に関して $\mu_1 = \mathrm{E}(y_1), \mu_2 = \mathrm{E}(y_2)$，分散行列に関して

$\Sigma_{11} = \mathrm{Var}(y_1), \Sigma_{12} = \Sigma'_{21} = \mathrm{Cov}(y_1, y_2), \Sigma_{22} = \mathrm{Var}(y_2)$ となる．すると，m 次単位行列 I_m の先頭 k 行をとった部分行列を A とおけば $y_1 = Ax$ であるから，式 (1.20) より確率ベクトル y_1 の周辺分布が

$$y_1 = Ax \sim N(A\mu, A\Sigma A') = N(\mu_1, \Sigma_{11})$$

となり，同様に y_2 の周辺分布は $y_2 \sim N(\mu_2, \Sigma_{22})$ となる．

続いて，y_1 と y_2 が互いに独立であるための必要十分条件が $\mathrm{Cov}(y_1, y_2) = \Sigma_{12} = O$（ゼロ行列）であることを示す．$\Sigma_{12} = O$ のとき，y_1 と y_2 の同時密度関数が

$$\begin{aligned}
p(y_1, y_2) &= p(x) \\
&= (2\pi)^{-k/2}(2\pi)^{-(m-k)/2}(\det \Sigma_{11} \times \det \Sigma_{22})^{-1/2} \\
&\quad \times \exp\left[-\frac{1}{2}\begin{pmatrix} y_1 - \mu_1 \\ y_2 - \mu_2 \end{pmatrix}' \begin{pmatrix} \Sigma_{11}^{-1} & O \\ O & \Sigma_{22}^{-1} \end{pmatrix} \begin{pmatrix} y_1 - \mu_1 \\ y_2 - \mu_2 \end{pmatrix}\right] \\
&= p(y_1) \times p(y_2)
\end{aligned}$$

となり，y_1 と y_2 の周辺密度関数の積に分解できるため，y_1 と y_2 が独立であることがわかる．逆に $\Sigma_{12} \neq O$ のとき，$\Sigma_{12} = \mathrm{Cov}(x_1, x_2) = \mathrm{E}[(x_1 - \mu_1)'(x_2 - \mu_2)] \neq \mathrm{E}(x_1 - \mu_1)'\,\mathrm{E}(x_2 - \mu_2) = O$ となるため y_1 と y_2 の独立性に反する．以上から，y_1 と y_2 が独立であることと $\mathrm{Cov}(y_1, y_2) = \Sigma_{12} = O$ の同値性が示された．同様にして，多変量正規確率ベクトル x を $x = (y'_1, \ldots, y'_k)'$ と分解すると，$y_1, \ldots, y_k$ が互いに独立であるための必要十分条件は $\mathrm{Cov}(y_i, y_j) = O$, $i, j = 1, \ldots, k$ となる．このとき，x の分散共分散行列 Σ は各 y_i の分散共分散行列 $\Sigma_{ii} = \mathrm{Var}(y_i)$, $i = 1, \ldots, k$ を並べたブロック対角行列

$$\Sigma = \begin{pmatrix} \Sigma_{11} & & O \\ & \ddots & \\ O & & \Sigma_{kk} \end{pmatrix}$$

として表される．

最後に，y_2 が与えられた下での y_1 の条件付き分布はやはり多変量正規分布に従い，その条件付き平均および条件付き分散は次式で与えられる．

$$\begin{aligned}\mathrm{E}(y_1|y_2) &= \mu_1 + \Sigma_{12}\Sigma_{22}^{-1}(y_2 - \mu_2), \\ \mathrm{Var}(y_1|y_2) &= \Sigma_{11} - \Sigma_{12}\Sigma_{22}^{-1}\Sigma_{12}'. \end{aligned} \tag{1.21}$$

この条件付き平均と条件付き分散は次のように導出することができる．$z = y_1 - \Sigma_{12}\Sigma_{22}^{-1}(y_2 - \mu_2)$ とおくと，z と y_2 の共分散が

$$\mathrm{Cov}(z, y_2) = \mathrm{Cov}(y_1, y_2) - \Sigma_{12}\Sigma_{22}^{-1}\,\mathrm{Var}(y_2, y_2) = O$$

となり，z と y_2 は独立であることがいえる．ゆえに，y_2 が与えられた下での z の条件付き平均と条件付き分散は y_2 に依存せず

$$\begin{aligned}\mathrm{E}(z|y_2) = \mathrm{E}(z) &= \mu_1 - \Sigma_{12}\Sigma_{22}^{-1}(\mu_2 - \mu_2) = \mu_1, \\ \mathrm{Var}(z|y_2) = \mathrm{Var}(z) &= \mathrm{Var}(y_1) - \mathrm{Cov}(y_1, y_2)\Sigma_{22}^{-1}\Sigma_{12}' \\ &\quad - \Sigma_{12}\Sigma_{22}^{-1}\,\mathrm{Var}(y_2, y_1) + \Sigma_{12}\Sigma_{22}^{-1}\,\mathrm{Var}(y_2)\Sigma_{22}^{-1}\Sigma_{12}' \\ &= \Sigma_{11} - \Sigma_{12}\Sigma_{22}^{-1}\Sigma_{12}' \end{aligned}$$

と求まるので，これをもとに $y_1 = z + \Sigma_{12}\Sigma_{22}^{-1}(y_2 - \mu_2)$ の条件付き平均と条件付き分散を算出すれば式 (1.21) の結果が得られる．ここで式 (1.21) から，y_1 の条件付き平均 $\mathrm{E}(y_1|y_2)$ は y_2 の値に依存するものの，y_1 の条件付き分散 $\mathrm{Var}(y_1|y_2)$ は y_2 の値に依存せず y_1, y_2 の分散と共分散だけで決まることがわかる．

1.2　時系列の基礎と代表的な時系列モデル

本節では，まず予備知識として時系列に関する基礎事項と代表的な時系列モデルについて解説し，そこから状態空間モデルの導入へと進む．

なお，本節の時系列に関する解説は主に文献 [17] に沿って進めているが，ここでの解説は本書内で参照する部分のみに限定しているため，関連事項や詳細については文献 [17] などを参照されたい．

1.2.1　定常性とコレログラム

時間の推移とともに変化する量について，複数の時点で観測して得られる確率変数列のことを時系列と呼ぶ．図1.1には時系列のデータの例を示しており，(a)には個人の毎日の体重計測記録を，(b)には経済産業省『商業動態統計』より織物衣服小売業の月次販売額の推移を示している．世の中には，このような個人的な記録から国家規模の社会的な集計データ，さらには自然現象から観測されたものまで様々な時系列データが存在している．ここで，図1.1の体重と販売額はそれぞれ1日，1ヶ月単位で観測されたデータであり，いずれも離散時点 $t = 1, \ldots, n$ で観測される確率変数列 $y_1, \ldots, y_n$ として扱うことができる．本書では簡単のため等間隔な観測時点をもつ時系列を取り扱うが，状態空間モデルは観測時点が等間隔でない場合にも容易に拡張することができる．連続時間上で定義され非等間隔な観測時点を扱う状態空間モデルについては，例えば文献[9]の3.8節で解説されている．

なお，ここでは簡単のため，各観測時点の観測値が1次元の実数である単変量時系列を扱う．これに対して，各観測時点で多次元の観測ベクトルが得られる時系列は多変量時系列と呼ばれる．状態空間モデルは各時点の観測ベクトルの次元が異なるような時系列にも適用することができ，第3章以降では時系列をそのような一般の多変量時系列として取り扱っていく．

ここから，時系列の分布や挙動を表すのに有用ないくつかの特徴量を定義する．時系列 $y_1, \ldots, y_n$ について，平均と分散を

$$\mu_t = \mathrm{E}(y_t), \quad \sigma_t^2 = \mathrm{Var}(y_t) = \mathrm{E}[(y_t - \mu_t)^2], \quad t = 1, \ldots, n \tag{1.22}$$

とおく．また，同一時系列内の共分散を

$$\mathrm{Cov}(y_s, y_t) = \mathrm{E}[(y_s - \mu_s)(y_t - \mu_t)], \quad s = 1, \ldots, n,\ t = 1, \ldots, n \tag{1.23}$$

と表し，これを**自己共分散**（autocovariance）と呼ぶ．時系列 $y_1, \ldots, y_n$ の平均，分散と自己共分散が時間を通じて変化しない，すなわち任意の整数 k に対して

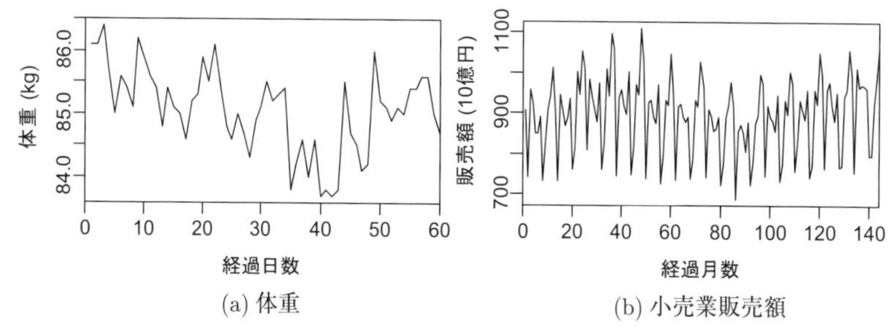

(a) 体重　(b) 小売業販売額

図 1.1 時系列データの例

$$\mu_{t+k} = \mu_t, \quad \sigma^2_{t+k} = \sigma^2_t, \quad \mathrm{Cov}(y_{s+k}, y_{t+k}) = \mathrm{Cov}(y_s, y_t) \tag{1.24}$$

であるとき，時系列は**弱定常**（weakly stationary）であるという．さらに，平均と共分散だけでなく時系列の同時密度関数 f について，任意の時点の集合 $\{t_1, \ldots, t_m\}$ と任意の整数 k に対して

$$f(y_{t_1+k}, \ldots, y_{t_m+k}) = f(y_{t_1}, \ldots, y_{t_m}) \tag{1.25}$$

をみたすとき，その時系列は**強定常**（strongly stationary）であるという．特に，式 (1.25) の同時密度関数が常に多変量正規分布となるような**ガウス型時系列**の場合，多変量正規分布は平均と分散共分散行列のみで分布が特定されるために弱定常性と強定常性が同値となる．逆に，定常性をみたさない時系列は**非定常**（non-stationary）であるという．

式 (1.24) をみたす定常時系列では，任意の非負整数 $k = 0, 1, \ldots, n$ に対して**ラグ**（lag，時間差）k の自己共分散 $\mathrm{Cov}(y_t, y_{t+k}) = C_k$ は時点 t によらずラグ k にのみ依存する関数となり，この C_k を**自己共分散関数**（autocovariance function）と呼ぶ．特に，ラグ $k = 0$ の自己共分散 $C_0 = \sigma^2 = \mathrm{Var}(y_t)$ は時系列の分散となる．さらに，このとき自己相関 $\mathrm{Corr}(y_t, y_{t+k}) = \mathrm{Cov}(y_t, y_{t+k})/\sqrt{\mathrm{Var}(y_t)\,\mathrm{Var}(y_{t+k})} = C_k/C_0$ も時点 t によらずラグ $k = 0, 1, \ldots, n$ のみに依存するため，これを $R_k = C_k/C_0$ と表し**自己相関関数**（autocorrelation function）と呼ぶ．定常時系列の自己相関関数は常に $-1 \le R_k \le 1$ をみたし，また $R_0 = C_0/C_0 = 1$ となる．

弱定常な時系列の最も簡単な例は，自己共分散 $\mathrm{Cov}(\eta_s, \eta_t)$ が $s = t$ のとき以外全てゼロとなる時系列 $\eta_1, \ldots, \eta_n$ であり，これは**ホワイトノイズ**（white noise）と呼ばれる．特に，$\eta_1, \ldots, \eta_n$ がそれぞれ独立に正規分布に従う場合は正規ホワイトノイズと呼ばれ，前述のガウス型時系列の性質から強定常性をみたす．

非定常時系列の簡単な例についても，ホワイトノイズから構成できる．ホワイトノイズの累積和として得られる時系列

$$y_t = \eta_1 + \cdots + \eta_t, \quad t = 1, \ldots, n \tag{1.26}$$

は**ランダムウォーク**（random walk）と呼ばれる．ランダムウォークの平均は常にゼロであるが，分散についてはホワイトノイズの分散 $\mathrm{Var}(\eta_t) = \sigma_\eta^2$ を用いて

$$\mathrm{Var}(y_t) = \mathrm{Var}(\eta_1) + \cdots + \mathrm{Var}(\eta_t) = t\sigma_\eta^2, \quad t = 1, \ldots, n$$

となるため，ランダムウォークは時点 t が進むに連れ分散が無限に大きくなる非定常時系列であることがわかる．また，ホワイトノイズに毎時点 $\nu \neq 0$ ずつ増加する線形トレンド項 νt を加えた時系列

$$y_t = \nu t + \eta_t, \quad t = 1, \ldots, n \tag{1.27}$$

も平均が時点 t とともに増加する非定常時系列である．

定常時系列の観測値が $y_1, \ldots, y_n$ として得られたとき，そこから平均 μ，分散 σ^2 および自己共分散関数 $C_k, k = 0, 1, \ldots, n$ の推定値として，標本平均 $\hat{\mu} = \sum_{t=1}^n y_t/n$，標本分散 $\hat{\sigma}^2 = \sum_{t=1}^n (y_t - \bar{y})^2/n$，そして**標本自己共分散関数**（autocovariance function）

$$\hat{C}_k = \frac{1}{n}\sum_{t=1}^{n-k}(y_t - \bar{y})(y_{t+k} - \bar{y}), \quad k = 0, 1, \ldots, n$$

が求められる．さらに，標本自己共分散を用いて，自己相関関数 $R_k, k = 0, 1, \ldots, n$ の推定値として**標本自己相関関数**（sample autocorrelation function）が

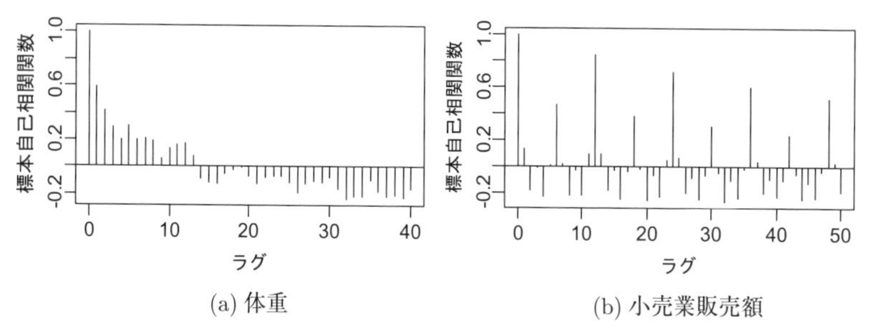

(a) 体重　(b) 小売業販売額

図 1.2　図 1.1 の時系列に対するコレログラム

$$\hat{R}_k = \frac{\hat{C}_k}{\hat{C}_0}, \quad k = 0, 1, \ldots, n$$

のように得られる．標本自己相関関数も自己相関関数と同様に $-1 \leq \hat{R}_k \leq 1$ を常にみたし，また $\hat{R}_0 = \hat{C}_0/\hat{C}_0 = 1$ となる．ラグ $k = 0, 1, \ldots$ に対する自己相関関数あるいは標本自己相関関数の推移をプロットした図は**コレログラム**（correlogram）と呼ばれ，時系列の周期性や相関構造を調べるための最も基本的な分析ツールとして用いられる．

図 1.2 のコレログラムは，図 1.1 の各時系列データから求めた標本自己相関関数を示している．(a) の体重に対するコレログラムを見ると，標本自己相関関数はラグ k の増加に伴い緩やかに減少し，あるところからはずっと負の値をとり続けている．このようなコレログラムの推移は，式 (1.26) のランダムウォークや式 (1.27) のようなトレンドをもつ時系列などの，非定常な時系列によく現れる特徴である．次に，(b) の月次販売額に対するコレログラムを見ると，標本自己相関関数は 12 ヶ月おきに大きな正の値をとり，さらに 12 ヶ月周期で似たような推移をしていることがわかる．このような推移は，周期をもって変化する時系列に現れる特徴であり，月次販売額が 12 ヶ月すなわち 1 年周期で主に変化していることを示唆している．実際，織物衣服の月次販売額は，季節の変わり目やボーナス時期などの要因で月による違いが大きく，図 1.1(b) の原系列からもそのような年周期の変化が見てとれる．

1.2.2 自己回帰移動平均（ARMA）モデル

ここでは，最も代表的な時系列モデルであるARMAモデルを紹介し，その自己共分散関数を導出する．まずは前段階として，ARモデルとMAモデルを導入する．

$\eta_1, \ldots, \eta_n$ を平均ゼロで分散が σ_η^2 のホワイトノイズとする．$t = 1, \ldots, n$ について

$$y_t = \phi_1 y_{t-1} + \phi_2 y_{t-2} + \cdots + \phi_p y_{t-p} + \eta_t \tag{1.28}$$

により定義される y_t の時系列モデルは，p 次の**自己回帰モデル**（ARモデル：Auto-Regressive model）と呼ばれ，短縮して AR(p) モデルと表される．AR(p) モデルは，y_t の期待値がラグ p まで過去の観測値 $y_{t-1}, \ldots, y_{t-p}$ から定まるモデルであり，その係数 $\phi_1, \ldots, \phi_p$ は自己回帰係数（AR coefficient）と呼ばれる．なお，ARモデルの定義式 (1.28) では右辺に定数項 ϕ_0 をおくことも多いが，元の時系列から期待値を差し引いて時系列を定義し直すことでモデル式から定数項を消せるため，ここでは定数項を含めずに定義する．定数項がないため y_t の期待値はゼロとなる．

AR(p) モデルは必ずしも定常であるとは限らず，次の**特性方程式**（characteristic equation）

$$1 = \phi_1 B + \phi_2 B^2 + \cdots + \phi_p B^p \tag{1.29}$$

の解（複素解を含む）の絶対値が全て1を超えることが弱定常であるための必要十分条件となる．例えば，AR(1) モデルが定常であるための必要十分条件は $-1 < \phi_1 < 1$ となり，特に $\phi_1 = 1$ のとき，AR(1) モデルは式 (1.26) のランダムウォークとなる．

続いて，同じく平均ゼロ，分散 σ_η^2 のホワイトノイズ $\eta_1, \ldots, \eta_n$ に対して，$t = 1, \ldots, n$ について

$$y_t = \eta_t + \lambda_1 \eta_{t-1} + \cdots + \lambda_q \eta_{t-q} \tag{1.30}$$

により定義される y_t の時系列モデルは，q 次の**移動平均モデル**（MAモデル：Moving-Average model）と呼ばれ，短縮して MA(q) モデルと表

される．MA(q) モデルは，観測値 y_t が現時点からラグ q の過去までのノイズ $\eta_t, \eta_{t-1}, \ldots, \eta_{t-q}$ により定まるモデルであり，過去のノイズの影響を表す係数 $\lambda_1, \ldots, \lambda_q$ は移動平均係数（MA coefficient）と呼ばれる．MA モデルにも定数項 λ_0 が入ることがあるが，AR モデルと同様にここでは定数項を含めず，ゆえに観測値の期待値 $\mathrm{E}(y_t)$ はゼロとなる．

MA モデルは定義式 (1.30) から明らかなように，次数や係数によらず平均および自己共分散は一定であり，常に弱定常性をみたしている．また，MA(q) モデルの自己共分散関数 $C_k, k = 0, 1, \ldots, n$ は，ホワイトノイズ $\eta_1, \ldots, \eta_n$ が異なる時点間で互いに独立なことを用いて，次のように容易に求められる．

$$
\begin{aligned}
C_k &= \mathrm{Cov}(y_{t+k}, y_t) \\
&= \mathrm{E}[(\eta_{t+k} + \lambda_1\eta_{t+k-1} + \cdots + \lambda_q\eta_{t+k-q})(\eta_t + \lambda_1\eta_{t-1} + \cdots + \lambda_q\eta_{t-q})] \\
&= \begin{cases} (1 + \sum_{j=1}^{q} \lambda_j^2)\sigma_\eta^2, & k = 0 \text{ のとき}, \\ (\lambda_k + \sum_{j=k+1}^{q} \lambda_j\lambda_{j-k})\sigma_\eta^2, & 1 \le k \le q \text{ のとき}, \\ 0, & k \ge q+1 \text{ のとき}. \end{cases}
\end{aligned} \tag{1.31}
$$

この結果から，MA(q) モデルの自己相関関数 $R_k = C_k/C_0$ はラグ q を超えるとゼロになることがわかる．

そして，ここまで紹介してきた AR(p) モデルと MA(q) モデルを次式のように合成することにより，(p, q) 次の**自己回帰移動平均モデル**（ARMA モデル：Auto-Regressive Moving-Average model）を得ることができ，これを ARMA(p, q) モデルと表す．

$$
y_t = \phi_1 y_{t-1} + \phi_2 y_{t-2} + \cdots + \phi_p y_{t-p} + \eta_t + \lambda_1\eta_{t-1} + \cdots + \lambda_q\eta_{t-q}. \tag{1.32}
$$

ARMA(p, q) モデル (1.32) における AR 部分の係数 $\phi_1, \ldots, \phi_p$ と MA 部分の係数 $\lambda_1, \ldots, \lambda_q$ もそれぞれ自己回帰係数，移動平均係数と呼ばれる．ここでも右辺に定数項は含めず，そのため y_t の期待値はゼロとなっている．また，ARMA(p, q) モデルが弱定常であるための必要十分条件は，AR(p) モデルと同様に，自己回帰係数に関する特性方程式 (1.29) の解

（複素解を含む）の絶対値が全て1を超えていることである．

ARMA モデルの自己共分散関数を導出するために，まず ARMA モデルの**インパルス応答関数**（inpulse response function）を

$$\delta_k = \frac{\mathrm{Cov}(\eta_t, y_{t+k})}{\mathrm{Var}(\eta_t)} = \frac{\mathrm{E}(\eta_t y_{t+k})}{\sigma_\eta^2}, \quad k = 0, 1, \ldots$$

のように定義する．インパルス応答関数は，ある時点 t に加わったノイズのうち k 期後に影響する割合を表しており，例えば時点 t のノイズ η_t は k 期後の観測値 y_{t+k} を $\delta_k \eta_t$ だけ増減させる効果をもつことになる．ノイズ η_t は過去の観測値とは独立であるため，負の整数 $k = -1, -2, \ldots$ に対するインパルス応答関数は $\delta_k = 0$ とする．ARMA(p, q) モデル (1.32) のインパルス応答関数は次の漸化式により逐次的に算出できる．

$$\begin{aligned} &\delta_0 = 1, \\ &\delta_k = \sum_{j=1}^{k} \phi_j \delta_{k-j} + \lambda_k, \quad k = 1, 2, \ldots, n. \end{aligned} \tag{1.33}$$

ただし，$j > p$ のとき $\phi_j = 0$，$k > q$ のとき $\lambda_k = 0$ とする．そして，式 (1.33) で得られたインパルス応答関数を利用して，自己共分散関数を次の連立方程式を解くことにより得ることができる．

$$\begin{aligned} C_0 &= \sum_{j=1}^{p} \phi_j C_j + \sigma_\eta^2 \left\{ 1 + \sum_{j=1}^{q} \lambda_j \delta_j \right\}, \\ C_k &= \sum_{j=1}^{p} \phi_j C_{k-j} + \sigma_\eta^2 \sum_{j=1}^{q} \lambda_j \delta_{j-k}, \quad k = 1, 2, \ldots, n. \end{aligned} \tag{1.34}$$

ただし，$j < 0$ のとき $C_j = C_{-j}$ および $\delta_j = 0$ とする．以上により ARMA モデルにおける自己共分散関数ひいては自己相関関数を得ることができる．

1.2.3 自己回帰和分移動平均（ARIMA）モデル

ARMA モデルは通常は定常な時系列に対して適用されるモデルであり，非定常な時系列に対して直接的に適用されることはほとんどない．

しかし，非定常な時系列 y_t に対しても，その**階差** $\Delta y_t = y_t - y_{t-1}$ を時系列と見たときに定常性をみたし，ARMA モデルが適用できる場合がある．例えば式 (1.26) のランダムウォークは非定常時系列であるが，その階差は

$$\Delta y_t = y_t - y_{t-1} = \eta_t \tag{1.35}$$

とホワイトノイズ η_t そのものであり定常性をみたすことがわかる．また，式 (1.27) のトレンド付きモデルについても，階差をとることで

$$\Delta y_t = y_t - y_{t-1} = \nu t + \eta_t - \nu(t-1) - \eta_{t-1} = \nu + \eta_t - \eta_{t-1} \tag{1.36}$$

と定数項 ν をもつ MA(2) モデルになることがわかる．

図 1.1 の体重および販売額の推移には，いずれも減少あるいは増加のトレンドが覗える．さらに，どちらも過去の体重あるいは販売額の水準に戻る保証はないと考えるのが自然であり，それぞれ非定常な時系列であると考えられる．そこで，体重の時系列に対して階差をとると，図 1.3(a) のようにトレンドが除去されて定常な様子の階差系列が得られる．一方，月次販売額の推移は図 1.2(b) からも明らかなように 1 年周期の季節変動が大きいため，初めにラグ 12 の階差 $\Delta_{12} y_t = y_t - y_{t-12}$ をとってみると，図 1.3(b) のように季節変動の影響を取り除くことができる．ここで，さらにトレンドを除去するために販売額について次のように 2 階の階差をとる．

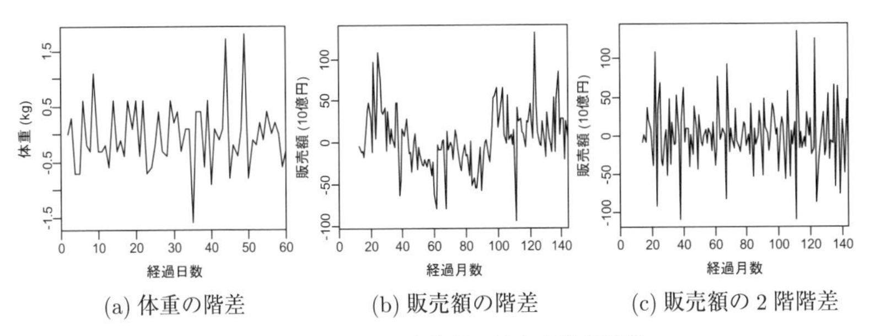

(a) 体重の階差　(b) 販売額の階差　(c) 販売額の 2 階階差

図 1.3　図 1.1 の時系列に対する階差系列

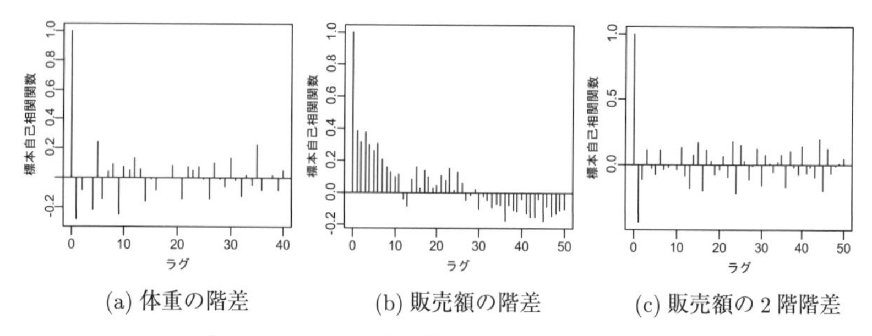

(a) 体重の階差　　(b) 販売額の階差　　(c) 販売額の2階階差

図 1.4　図 1.3 の時系列に対するコレログラム

$$\Delta\Delta_{12}y_t = \Delta_{12}y_t - \Delta_{12}y_{t-1} = (y_t - y_{t-12}) - (y_{t-1} - y_{t-13}).$$

すると，最終的に図 1.3(c) のように定常な様子の階差系列を得ることができた．

また図 1.4 には，図 1.3 の各階差系列のコレログラムを示している．図 1.2 にある原系列のコレログラムと比べると，(a) の体重の自己相関関数は軒並み小さくなっている．また販売額については，(b) のラグ 12 の階差におけるコレログラムでは図 1.2 に見られた周期性が消え，代わりに図 1.2(a) の体重のコレログラムと似たような推移を描いている．そして，さらに階差をとった (c) のコレログラムでは，ラグ 1 に -0.5 程度の負の自己相関が残った以外，自己相関はほとんど消えていることがわかる．

このように，定常な時系列を得るために時系列の観測値の階差をとるプロセスは和分と呼ばれ，1 階の階差でまだ定常にならない場合はさらに階差をとることができる．近似的に定常な時系列が得られるまで d 階の階差 $\Delta^d y_t$ をとった後に，階差の時系列に ARMA(p,q) モデルを当てはめたものは**自己回帰和分移動平均モデル**（ARIMA モデル：Auto-Regressive Integrated Moving-Average model）と呼ばれ，ARIMA(p,d,q) モデルと表記される．

ここで例として，図 1.1(a) の体重の時系列 $y_1,\ldots,y_{60}$ に ARIMA(1,1,0) モデルと ARIMA(0,1,1) モデルを当てはめてみる．ARIMA モデルの当てはめと推定には，統計解析ソフト R に標準実装されている関数 `arima` が利用でき，体重データを格納した変数 `Weight` に対して次の R コードで解析できる.

```
arima(Weight, c(1,1,0)) # ARIMA(1,1,0) モデルの当てはめと推定
arima(Weight, c(0,1,1)) # ARIMA(0,1,1) モデルの当てはめと推定
```

上記のコードにより，最尤法により推定された ARIMA モデルの係数と，さらにモデル選択のための**赤池情報量規準**（AIC: Akaike Information Criteron）が得られる．推定された ARIMA(1,1,0) モデルは

$$\Delta y_t = -0.28\Delta y_{t-1} + \eta_t \tag{1.37}$$

となり，また推定された ARIMA(0,1,1) モデルは

$$\Delta y_t = \eta_t - 0.51\eta_{t-1} \tag{1.38}$$

となる．AIC を比べると，前者が 102.6，後者が 99.3 となり，より AIC の小さい ARIMA(0,1,1) モデルの方が当てはまりが良いことになる．なお，最尤法とモデル選択についてはそれぞれ 3.2.5 項と 3.2.6 項の中で詳述する．

1.2.4 ARIMA モデルの解釈と状態空間モデルの導入

ARIMA モデルは 1 変数の時系列の挙動に対する表現力が高く優れた予測性能を発揮できるが，一方で，時系列の挙動あるいは変動要因に対して解釈を与えるのに難がある．

例えば，上の ARIMA(1,1,0) モデルの推定結果 (1.37) について数式そのままに解釈すると，ある日の体重増減は，前日の体重増減に対して逆の動きをとりやすいという意味に解釈される．また，ARIMA(0,1,1) モデルの推定結果 (1.38) についても，ある日の体重増減について，前日の体重増減に対する反動が加わっていると解釈できる．これらの解釈は，前日はたまたま食後すぐに計測していたり服を着こんでいたために重くなり，翌日は元に戻るなどの状況がイメージされており，一定の説明力はもっているものの，では本来の体重の水準あるいは体重の変動がどの程度であったかという問いには答えをもたない．

この問いに答えを与えるには，潜在変数（latent variable）の概念が役立つ．潜在変数とは，観測されない変量を確率変数として用意したものであり，ここでは本来計測したい真の体重水準を潜在変数 α_t で表す．すると，実際に得られる観測値 y_t は真の体重水準 α_t にホワイトノイズである観測誤差 ε_t が乗ったものと考え

$$y_t = \alpha_t + \varepsilon_t \tag{1.39}$$

とモデル化するのが自然である．さらに，本質的に時間とともに変化するのは真の体重水準 α_t であるため，時系列モデルは α_t に対して立てるべきである．もし体重水準の毎日の変動がホワイトノイズ η_t であると仮定すれば

$$\alpha_{t+1} = \alpha_t + \eta_t \tag{1.40}$$

となり，これはランダムウォークのモデル式 (1.26) である．これら二つの関係式を与えることで，各日の真の体重水準 α_t を観測値 $y_1, \ldots, y_n$ が与えられた下での条件付き期待値 $\mathrm{E}(\alpha_t | y_1, \ldots, y_n)$ として推定可能となる．

以上の式 (1.39) と (1.40) を合わせたモデルは，**ローカルレベルモデル**（local level model）あるいはランダムウォーク・プラス・ノイズモデル（random walk plus noise model）と呼ばれ，第2章で扱われる状態空間モデルの最も基本的なモデルとなっている．

ローカルレベルモデルは一見して ARIMA モデルとは全く別のモデルであるが，実は観測値 y_t の挙動を ARIMA(0,1,1) モデルによって完全に記述することができ，それゆえ本質的には ARIMA(0,1,1) モデルと同値なモデルとなっている．したがって，体重に対する ARIMA(0,1,1) モデルの推定結果 (1.38) は等価なローカルレベルモデルへと書き換えることが可能となる．詳しくは 2.4 節を参照されたい．

なお，上記では状態空間モデルの特殊形であるローカルレベルモデルを紹介したが，一般には観測値 y_t の生成モデルと状態 α_t の時系列モデルをそれぞれ

$$y_t \sim h_t(y_t|\alpha_t),$$
$$\alpha_{t+1} \sim q_t(\alpha_{t+1}|\alpha_t)$$

のように表現し，二つのモデルを合わせたものを**状態空間モデル**（state space model）と呼ぶ．ここで $h_t(y_t|\alpha_t), q_t(\alpha_{t+1}|\alpha_t)$ は条件付き確率密度関数（または確率関数）であり，$\sim$ は左辺の確率変数がその分布に従うことを表す．後に 3.3.3 項で示すように，ARIMA モデルは状態空間モデルで表現することが可能であり，すなわち状態空間モデルに完全に包含されている．実際，ARIMA モデルの最尤推定を行う際には，状態空間モデルに表現し直した上でカルマンフィルタを用いることにより，効率的に推定することができる．

1.2.5　状態空間モデルのメリット

時系列解析に状態空間モデルを利用する最大のメリットは，モデリングの柔軟性と増減要因の説明力にある．

上でも述べたように，第 2 章で扱うローカルレベルモデルは体重計測値の増減を，体重水準の変動と計測誤差に分けて説明することを可能にしている．さらに，第 3 章の 3.3 節では構造時系列モデル [11] の枠組みを導入し，時系列の毎期の変動をトレンドや季節変動，外部要因，構造変化などの要素に分解している．これにより，時系列の様々な変化に柔軟に対応できるだけでなく，過去の増減や将来予測における各要素の寄与を議論することができるのは大きな利点といえる．

その後の第 4 章では，観測値が正規分布以外の確率分布に従うモデルへと拡張し，日々の火災件数のようなカウントデータなどへとモデルの適用範囲を拡大している．これは，多くの統計解析に利用されている一般化線形モデルを，パラメータが時間とともに変動する「動的」一般化線形モデルへと発展させたものでもあり，多くの一般化線形モデルの解析事例をさらに改良させることができる．例えば，過去の保険金支払に基づいた保険料の設定には一般化線形モデルが利用されているが，これをさらに時間とともに変わる動的な保険料とすることで，推定に加えて将来動向の予測までもが可能となる．

最後の第5章では，さらに非線形なモデルへと一般化を果たすことにより，例えば金利の期間構造モデルのような非線形な確率微分方程式をも状態空間モデルとして扱い，未知パラメータの推定から予測まで行うことが可能となる．以上は主に本書の解析例に沿って説明されているが，これだけ見ても状態空間モデルの応用範囲の広さが理解いただけるであろう．

もう一つ大きな状態空間モデルのメリットとして，欠測値の扱いが容易である点が挙げられる．**欠測値**（missing observation）とは，観測装置の故障などの偶然あるいは観測者の制約などの作為により観測できなかったデータのことを指し，実際のデータに対する一般の統計解析ではしばしば起こる問題である．欠測値に対する処方箋としては，周辺情報から適切に補間するか，モデルに欠測値の存在を導入するかのいずれかとなる．しかし，前者の欠測値の補間は，適切に行われないとモデルの推定結果にバイアス（偏り）をもたらすリスクがあり，また後者のモデル改変も，モデルがかなり複雑になることが多く解析に労力を要することとなり，いずれの方法をとるにしても分析者の悩みの種となる．一方で状態空間モデルでは，カルマンフィルタのプロセスの中で欠測値を未観測の確率変数として自然にかつ適切に扱うことができ，さらに欠測値に対する予測値および予測区間を与えて補間することができる．状態空間モデルにおける欠測値の詳しい扱いは，以降の各章にて解説する．

第2章

ローカルレベルモデル

2.1 はじめに

本章では，最も基本的な状態空間モデルであるローカルレベルモデルを題材として，カルマンフィルタと平滑化，予測などの一連の解析手法を解説する．次章では，ローカルレベルモデルを含んだ一般の線形ガウス状態空間モデルを紹介するが，一般の線形ガウスモデルによる議論は行列計算がやや複雑となり，読者が式変形を追うばかりに労力を捕らわれ背景の理解が疎かになりやすいことから，まずはローカルレベルモデルにおけるシンプルな導出過程を解説する．とはいえ，それでも本章は数式が多いため，式変形を追うよりも各変数の意味合いや，計算アルゴリズムの導出の考え方を理解するのに努めてもらいたい．また，各手法の解説の都度，そのイメージを掴んでもらうために，前章で扱った体重計測データを用いた各手法の解析例を紹介していく．そして最後に，各手法を実践するためのRによるコーディングのしかたとその例を解説する．

単変量時系列の観測値を $y_1, \ldots, y_n$ とする．前章で扱った体重計測のように，観測値は真の水準 α_t に正規ホワイトノイズ ε_t が乗ることで

$$y_t = \alpha_t + \varepsilon_t, \quad \varepsilon_t \sim N(0, \sigma_\varepsilon^2), \quad t = 1, \ldots, n \tag{2.1}$$

のように生成されていると仮定する．ただし，$N(0, \sigma_\varepsilon^2)$ は平均ゼロ，分散 σ_ε^2 の正規分布を表す．ここで，真の水準 α_t は観測されない潜在変数

であり**状態**（state）と呼ばれ，観測誤差 ε_t は**観測値撹乱項**（observation disturbance）と呼ばれる．一方，状態 α_t は時点間の変動量を表す正規ホワイトノイズ η_t により

$$\alpha_{t+1} = \alpha_t + \eta_t, \quad \eta_t \sim N(0, \sigma_\eta^2), \quad t = 1, \ldots, n-1 \tag{2.2}$$

と更新されていくものと仮定する．ここで，状態の変動量 η_t は**状態撹乱項**（state disturbance）と呼ばれる．最後に，初期時点の状態 α_1 の分布に関しても

$$\alpha_1 \sim N(a_1, P_1) \tag{2.3}$$

のように正規分布に従うことを仮定する．

さらに，ここまで式 (2.1)，(2.2)，(2.3) により分布が与えられた $\varepsilon_1, \ldots, \varepsilon_n$，$\eta_1, \ldots, \eta_{n-1}, \alpha_1$ について，全てが互いに独立であることを仮定する．するとこの独立性の仮定から，撹乱項 ε_{t+1} と η_t は，過去の状態 $\alpha_1, \ldots, \alpha_t$ および観測値 $y_1, \ldots, y_t$ に対して独立となることがわかる．以上の仮定により，状態 α_t および観測値 y_t を含む確率変数の任意の線形結合の組は多変量正規分布に従い，そのため 1.1.3 項で紹介した多変量正規分布に関する結果が適用できる．

式 (2.1)，(2.2)，(2.3) により定義された時系列モデルは**ローカルレベルモデル**（local level model）と呼ばれる．ここで，式 (2.1) は**観測方程式**（observation equation），式 (2.2) は**状態方程式**（state equation）と呼ばれる．第 3 章で紹介する一般の線形ガウス状態空間モデルも，観測方程式と状態方程式の二つの方程式と初期分布から定義され，ローカルレベルモデルはその最も単純な特殊形となっている．

なお，図 2.1 に示してある模式図のように，状態方程式 (2.2) は状態 $\alpha_1, \ldots, \alpha_n$ の挙動が式 (1.26) のランダムウォークであることを示しており，そこに観測ノイズ $\varepsilon_1, \ldots, \varepsilon_n$ が加わって観測値 $y_1, \ldots, y_n$ が定まることから，ローカルレベルモデルはランダムウォーク・プラス・ノイズモデル（random walk plus noise model）とも呼ばれる．

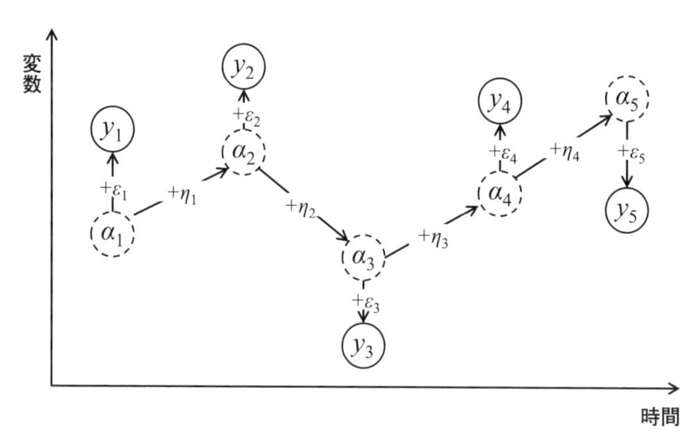

図 2.1　ローカルレベルモデルの模式図

2.2　状態の推定と観測値の予測

状態空間モデルでは，与えられた時系列の観測値 $y = \{y_1, \ldots, y_n\}$ に基づいて状態 $\alpha_1, \ldots, \alpha_n$ を推定し，また将来の観測値を予測あるいは欠測値を補間することが主要な目的となる．ここでは，撹乱項分散 σ_ε^2 と σ_η^2 が既知であり，かつ初期状態 α_1 の従う正規分布 $N(a_1, P_1)$ の平均 a_1 と分散 P_1 が既知であるものと仮定して話を進める．

状態空間モデルの推定問題は主に 3 種類に大別される．一つ目は，途中の時点 t までの観測値 $Y_t = \{y_1, \ldots, y_t\}$ に基づいて当該時点の状態 α_t を推定するもので**フィルタリング**（濾波，filtering）と呼ばれる．二つ目は，与えられた全ての観測値 $y = \{y_1, \ldots, y_n\}$ を用いて各時点の状態 $\alpha_1, \ldots, \alpha_n$ を推定するもので，これは**平滑化**（smoothing）と呼ばれる．また欠測値の補間もこの平滑化の処理の中で行われる．三つ目は，フィルタリングの最終時点 $t = n$ からさらに先の時点へと進めた，将来の状態および観測値に対する**予測**（prediction, forecasting）である．

上記の推定問題は全て，$\alpha_1, \ldots, \alpha_n$ と $y_1, \ldots, y_n$ の同時分布を考えて，観測値の全部または一部が与えられた下で状態の条件付き分布を求める問題として扱えば，多変量正規分布の結果に基づく行列計算から直接的に推定可能である．しかしながら，時点数 n が大きくなると，行列の計算量

は n^3 に比例して急激に多くなるため，たとえ性能の良いコンピュータを使ったとしても，すぐに計算時間的に実行不可能な問題となってしまう．

そこで，線形ガウス状態空間モデルのフィルタリングのための計算効率の高いアルゴリズムとして知られている**カルマンフィルタ**（Kalman filter）を初めに紹介する．カルマンフィルタは，状態の条件付き分布を1時点ずつ更新して求めていく逐次計算に基づくアルゴリズムであり，それゆえ時点数 n がいくら大きくなっても計算量は n に比例する量で抑えられる．さらに，他の平滑化および予測についても，カルマンフィルタの結果を利用することで効率良く解くことができる．

2.2.1 カルマンフィルタ

カルマンフィルタは，与えられた初期状態 α_1 の平均 a_1 および分散 P_1 から出発して，各時点 t に対する状態 α_t の**1期先予測**（one-step ahead predictor）$a_t = \mathrm{E}(\alpha_t|Y_{t-1})$ とその予測誤差分散 $P_t = \mathrm{Var}(\alpha_t|Y_{t-1})$，および，状態 α_t の**フィルタ化推定量**（filtered estimator）$a_{t|t} = \mathrm{E}(\alpha_t|Y_t)$ とその推定誤差分散 $P_{t|t} = \mathrm{Var}(\alpha_t|Y_t)$ を次のように交互に求めていく逐次計算アルゴリズムである．

$$\begin{matrix} a_1 \\ P_1 \end{matrix} \rightarrow \begin{matrix} a_{1|1} \\ P_{1|1} \end{matrix} \rightarrow \begin{matrix} a_2 \\ P_2 \end{matrix} \rightarrow \begin{matrix} a_{2|2} \\ P_{2|2} \end{matrix} \rightarrow \cdots \rightarrow \begin{matrix} a_n \\ P_n \end{matrix} \rightarrow \begin{matrix} a_{n|n} \\ P_{n|n} \end{matrix}$$

ローカルレベルモデルでは，状態の1期先予測 a_t がそのまま観測値の1期先予測 $\mathrm{E}(y_t|Y_{t-1}) = \mathrm{E}(\alpha_t + \varepsilon_t|Y_{t-1}) = a_t$ となる．ここで，観測値 y_t の1期先予測誤差 $v_t = y_t - a_t$ を**1期先予測誤差**（one-step ahead prediction error）と呼ぶ．1期先予測誤差は，過去の観測値から予測し得ない新たな情報という意味からイノベーションとも呼ばれる．さらに，v_t の条件付き分散を $F_t = \mathrm{Var}(v_t|Y_{t-1})$ で表し**1期先予測誤差分散**（予測誤差分散，variance of the prediction error）と呼ぶ．本書では様々な箇所で1期先予測誤差 v_t およびその分散 F_t が重要な役割を担う．

まず，既知である $a_1 = \mathrm{E}(\alpha_1), P_1 = \mathrm{Var}(\alpha_1)$ から $a_{1|1} = \mathrm{E}(\alpha_1|y_1), P_{1|1} = \mathrm{Var}(\alpha_1|y_1)$ を求めてみよう．v_1 について

$$\mathrm{E}(v_1) = \mathrm{E}(y_1 - a_1) = \mathrm{E}(\alpha_1 + \varepsilon_1 - a_1) = a_1 + 0 - a_1 = 0,$$
$$F_1 = \mathrm{Var}(v_1) = \mathrm{Var}(\alpha_1 + \varepsilon_1 - a_1) = \mathrm{Var}(\alpha_1) + \mathrm{Var}(\varepsilon_1) = P_1 + \sigma_\varepsilon^2,$$
$$\mathrm{Cov}(\alpha_1, v_1) = \mathrm{Cov}(\alpha_1, \alpha_1 + \varepsilon_1 - a_1) = \mathrm{Var}(\alpha_1) + \mathrm{Cov}(\alpha_1, \varepsilon_1) = P_1$$

が成り立つ．ここで，$v_1 = y_1 - a_1$ は観測値 y_1 から定数 a_1 を差し引いただけのものであり，ゆえに $\mathrm{E}(\cdot|y_1) = \mathrm{E}(\cdot|v_1)$ が成り立つので，2 変量正規分布の条件付き平均，条件付き分散の結果 (1.21) を用いることで

$$\begin{aligned} a_{1|1} &= \mathrm{E}(\alpha_1|v_1) = \mathrm{E}(\alpha_1) + \mathrm{Cov}(\alpha_1, v_1)\,\mathrm{Var}(v_1)^{-1} v_1 \\ &= a_1 + P_1 F_1^{-1} v_1 = a_1 + K_1 v_1, \\ P_{1|1} &= \mathrm{Var}(\alpha_1|v_1) = \mathrm{Var}(\alpha_1) - \mathrm{Cov}(\alpha_1, v_1)^2\,\mathrm{Var}(v_1)^{-1} \\ &= P_1 - P_1^2 F_1^{-1} = P_1(1 - K_1) = P_1 L_1 \end{aligned} \tag{2.4}$$

が求まる．ただし $K_1 = P_1/F_1, L_1 = 1 - K_1$ とおいた．

次に $a_{1|1}, P_{1|1}$ から a_2, P_2 を求めるのは非常に簡単である．すなわち

$$\begin{aligned} a_2 &= \mathrm{E}(\alpha_2|y_1) = \mathrm{E}(\alpha_1 + \eta_1|y_1) = a_{1|1}, \\ P_2 &= \mathrm{Var}(\alpha_2|y_1) = \mathrm{Var}(\alpha_1 + \eta_1|y_1) = P_{1|1} + \sigma_\eta^2 \end{aligned} \tag{2.5}$$

となる．

この算出式を一般の時点 $t = 2, \ldots, n$ について導出しよう．$Y_{t-1} = \{y_1, \ldots, y_{t-1}\}$ が与えられた下で，v_t について

$$\begin{aligned} \mathrm{E}(v_t|Y_{t-1}) &= \mathrm{E}(\alpha_t + \varepsilon_t - a_t|Y_{t-1}) = a_t + 0 - a_t = 0, \\ F_t = \mathrm{Var}(v_t|Y_{t-1}) &= \mathrm{Var}(\alpha_t + \varepsilon_t - a_t|Y_{t-1}) \\ &= \mathrm{Var}(\alpha_t|Y_{t-1}) + \mathrm{Var}(\varepsilon_t|Y_{t-1}) = P_t + \sigma_\varepsilon^2, \\ \mathrm{Cov}(\alpha_t, v_t|Y_{t-1}) &= \mathrm{Cov}(\alpha_t, \alpha_t + \varepsilon_t - a_t|Y_{t-1}) \\ &= \mathrm{Var}(\alpha_t|Y_{t-1}) + \mathrm{Cov}(\alpha_t, \varepsilon_t|Y_{t-1}) = P_t \end{aligned}$$

が成り立つ．ここで，観測値 Y_{t-1} が与えられた下で $a_t = \mathrm{E}(\alpha_t|Y_{t-1})$ は定数となるため，y_t と $v_t = y_t - a_t$ は 1 対 1 に対応し，ゆえに $\mathrm{E}(\cdot|Y_t) =$

$\mathrm{E}(\cdot|v_t, Y_{t-1})$ がいえる．したがって，式 (2.4) と同様にして

$$\begin{aligned}
a_{t|t} &= \mathrm{E}(\alpha_t|v_t, Y_{t-1}) \\
&= \mathrm{E}(\alpha_t|Y_{t-1}) + \mathrm{Cov}(\alpha_t, v_t|Y_{t-1})\,\mathrm{Var}(v_t|Y_{t-1})^{-1} v_t \\
&= a_t + P_t F_t^{-1} v_t = a_t + K_t v_t, \\
P_{t|t} &= \mathrm{Var}(\alpha_t|v_t, Y_{t-1}) \\
&= \mathrm{Var}(\alpha_t|Y_{t-1}) - \mathrm{Cov}(\alpha_t, v_t|Y_{t-1})^2\,\mathrm{Var}(v_t|Y_{t-1})^{-1} \\
&= P_t - P_t^2 F_t^{-1} = P_t(1 - K_t) = P_t L_t
\end{aligned} \tag{2.6}$$

が得られた．ただし $K_t = P_t/F_t, L_t = 1 - K_t$ とおいた．式 (2.6) は，Y_{t-1} が与えられた下での 1 期先の状態 α_t の推定値 a_t が，新たな観測 v_t が与えられたことで $K_t v_t$ だけ補正され，その補正により誤差分散 P_t が $L_t = 1 - K_t$ 倍に縮まったと解釈することができる．

最後に $a_{t|t}, P_{t|t}$ が与えられた下で，a_{t+1}, P_{t+1} は

$$\begin{aligned}
a_{t+1} &= \mathrm{E}(\alpha_{t+1}|Y_t) = \mathrm{E}(\alpha_t + \eta_t|Y_t) = a_{t|t}, \\
P_{t+1} &= \mathrm{Var}(\alpha_{t+1}|Y_t) = \mathrm{Var}(\alpha_t + \eta_t|Y_t) = P_{t|t} + \sigma_\eta^2
\end{aligned} \tag{2.7}$$

と容易に求まる．

以上の更新式 (2.4)，(2.5)，(2.6)，(2.7) をまとめると，カルマンフィルタにおけるフィルタ化推定量と 1 期先予測，1 期先予測誤差の逐次計算アルゴリズムは $t = 1, \ldots, n$ に対して

$$\begin{aligned}
v_t &= y_t - a_t, & F_t &= P_t + \sigma_\varepsilon^2, \\
a_{t|t} &= a_t + K_t v_t, & P_{t|t} &= P_t L_t, \\
a_{t+1} &= a_{t|t}, & P_{t+1} &= P_{t|t} + \sigma_\eta^2
\end{aligned} \tag{2.8}$$

となる．ただし $K_t = P_t/F_t, L_t = 1 - K_t$ であり，特に K_t は**カルマンゲイン**（Kalman gain）と呼ばれる．ここで，式 (2.8) を再帰的に計算することにより

$$a_{t+1} = a_{t|t} = a_t + K_t v_t = a_{t-1} + K_t v_t + K_{t-1} v_{t-1}$$
$$= \cdots = a_1 + \sum_{j=1}^{t} K_j v_j \tag{2.9}$$

となり，$a_{t+1}, a_{t|t}$ が初期分布平均 a_1 と 1 期先予測誤差による重み付き補正項 $K_1 v_1, \ldots, K_t v_t$ の総和で表現されることがわかる．また，$v_t = y_t - a_t$ を式 (2.8) に代入すると $a_{t+1} = a_{t|t} = (1 - K_t) a_t + K_t y_t$ と a_t と y_t の加重平均になっており，帰納的に $a_{t|t}, a_{t+1}$ が a_1 と観測値 $y_1, \ldots, y_t$ の加重平均として得られていることが示される．

フィルタリングの解析例として，前章で扱った体重計測データに対する各時点の状態 α_t のフィルタ化推定値とその 95% 信頼区間を図 2.2 に示した．3 本並んだ実線のうち真ん中の太線がフィルタ化推定値で，上下の細線が 95% 信頼限界 $a_{t|t} \pm z_{0.025} \sqrt{P_{t|t}}$ を表している．ただし $z_{0.025} = 1.96$ は標準正規分布の上側 2.5% 点である．ここで，信頼区間の幅 $2 z_{0.025} P_{t|t}$ を図 2.2 で観察すると，初期時点が最も大きく，開始から数時点で縮まって，あとは一定の幅で推移している様子が見てとれる．フィルタ化推定量の推定誤差分散 $P_{t|t}$ は十分な時間経過後に，撹乱項分散 $\sigma_\varepsilon^2, \sigma_\eta^2$ のみに依存する値 $P_{\infty|\infty} = \lim_{t \to \infty} P_{t|t}$ に収束することが知られており，$P_{t+1|t+1}$, $P_{t+1}, P_{t|t}$ に関する漸化式 (2.8) を $t = t + 1 = \infty$ とおくことで得られる次の方程式の正の解として求まる．

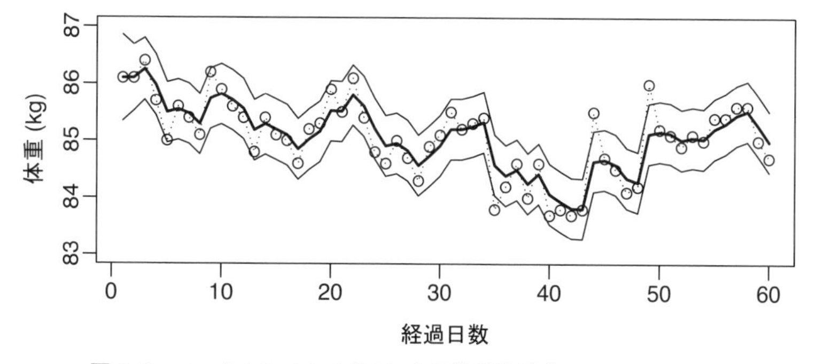

図 2.2　ローカルレベルモデルによる体重時系列のフィルタリング

$$P_{\infty|\infty} = P_\infty L_\infty = P_\infty \frac{\sigma_\varepsilon^2}{P_\infty + \sigma_\varepsilon^2} = \frac{\sigma_\varepsilon^2(P_{\infty|\infty} + \sigma_\eta^2)}{P_{\infty|\infty} + \sigma_\eta^2 + \sigma_\varepsilon^2}. \tag{2.10}$$

ただし $P_\infty = \lim_{t\to\infty} P_t, L_\infty = \lim_{t\to\infty} L_t$ である．$P_{t|t}$ が十分に $P_{\infty|\infty}$ に収束した**定常状態**（steady state）では他の P_t, F_t, K_t, L_t も同様に収束し，カルマンフィルタの逐次計算 (2.8) の手間を減らすことができる．

2.2.2 平滑化

一般に，時系列の平滑化とは，各時点で観測されたノイズのあるデータを平均化して滑らかな曲線などで表現することをいう．平滑化の手法としては，移動平均やスプライン関数，周波数フィルタなど様々な種類が存在するが，本書では状態空間モデルにおいて，時系列 $y = \{y_1, \ldots, y_n\}$ が与えられた下での状態 $\alpha_1, \ldots, \alpha_n$ の条件付き分布を求める問題を平滑化と呼ぶ．ここでも，線形ガウスモデルの仮定から，求めたい条件付き分布は全て正規分布となり，条件付き平均 $\hat{\alpha}_t = \mathrm{E}(\alpha_t|y)$ および条件付き分散 $V_t = \mathrm{Var}(\alpha_t|y)$ を求める問題として扱われる．$\hat{\alpha}_t$ を**平滑化状態**（smoothed state），V_t を**平滑化状態分散**（smoothed state variance）と呼び，そして，それらを計算する操作を**状態平滑化**（state smoothing）と呼ぶことにする．

まず，平滑化状態 $\hat{\alpha}_t = \mathrm{E}(\alpha_t|y)$ をフィルタ化推定量 $a_{t|t}$ から導出する方法を示す．2.2.1 項で $\mathrm{E}(\cdot|Y_t) = \mathrm{E}(\cdot|v_t, Y_{t-1})$ となることを説明したが，これを $v_t, v_{t-1}, \ldots, v_1$ の順に連続適用することで $\mathrm{E}(\cdot|Y_t) = \mathrm{E}(\cdot|v_1, \ldots, v_t)$，すなわち，$Y_t$ と $v_1, \ldots, v_t$ が 1 対 1 に対応することがいえる．また，同様に $v_n, v_{n-1}, \ldots, v_{t+1}$ の順に適用して $\mathrm{E}(\cdot|y) = \mathrm{E}(\cdot|v_{t+1}, \ldots, v_n, Y_t)$ も得られる．

次に，$v_1, \ldots, v_n$ の自己共分散 $\mathrm{Cov}(v_t, v_j), 1 \le t < j \le n$ について，$v_t = y_t - a_t$ は Y_{j-1} が与えられた下で定数となることから

$$\mathrm{Cov}(v_t, v_j) = \mathrm{E}(v_t v_j) = \mathrm{E}[\mathrm{E}(v_t v_j|Y_{j-1})] = \mathrm{E}[v_t\,\mathrm{E}(v_j|Y_{j-1})] = 0 \tag{2.11}$$

となり，よって多変量正規分布に従う $v_1, \ldots, v_n$ は互いに独立であることがいえる．ここで，Y_t と $v_1, \ldots, v_t$ は 1 対 1 に対応するため，$v_1, \ldots, v_t$

と独立な $v_{t+1},\ldots,v_n$ は過去の観測値 Y_t とも独立であることに注意する.

以上より，多変量正規分布における条件付き平均の定理 (1.21) を用いて，次式が得られる.

$$\begin{aligned}
\hat{\alpha}_t &= \mathrm{E}(\alpha_t|y) = \mathrm{E}(\alpha_t|v_{t+1},\ldots,v_n,Y_t)\\
&= \mathrm{E}(\alpha_t|Y_t)\\
&\quad + \mathrm{Cov}[\alpha_t,(v_{t+1},\ldots,v_n)'|Y_t]\,\mathrm{Var}[(v_{t+1},\ldots,v_n)]^{-1}(v_{t+1},\ldots,v_n)'\\
&= a_{t|t} + \begin{pmatrix} \mathrm{Cov}(\alpha_t,v_{t+1}|Y_t)\\ \vdots \\ \mathrm{Cov}(\alpha_t,v_n|Y_t) \end{pmatrix}' \begin{pmatrix} F_{t+1} & & 0\\ & \ddots & \\ 0 & & F_n \end{pmatrix}^{-1} \begin{pmatrix} v_{t+1}\\ \vdots \\ v_n \end{pmatrix}\\
&= a_{t|t} + \sum_{j=t+1}^{n} \mathrm{Cov}(\alpha_t,v_j|Y_t)F_j^{-1}v_j.
\end{aligned} \tag{2.12}$$

ここで，式 (2.8) より

$$\begin{aligned}
\mathrm{Cov}(\alpha_t,v_{t+1}|Y_t) &= \mathrm{Cov}(\alpha_t,\alpha_t+\eta_t+\varepsilon_{t+1}-a_{t+1}|Y_t) = P_{t|t},\\
\mathrm{Cov}(\alpha_t,v_{t+2}|Y_t) &= \mathrm{Cov}(\alpha_t,\alpha_t+\eta_t+\eta_{t+1}+\varepsilon_{t+2}-a_{t+2}|Y_t)\\
&= \mathrm{Var}(\alpha_t|Y_t) - K_{t+1}\,\mathrm{Cov}(\alpha_t,v_{t+1}|Y_t) = P_{t|t}L_{t+1},\\
&\ \ \vdots\\
\mathrm{Cov}(\alpha_t,v_n|Y_t) &= P_{t|t}L_{t+1}\cdots L_{n-1}
\end{aligned}$$

となるため，これらを式 (2.12) に代入して

$$\hat{\alpha}_t = a_{t|t} + P_{t|t}\left(\frac{v_{t+1}}{F_{t+1}} + L_{t+1}\frac{v_{t+2}}{F_{t+2}} + \cdots + L_{t+1}\cdots L_{n-1}\frac{v_n}{F_n}\right) \tag{2.13}$$

を得る．ここで式 (2.13) の括弧の中身を

$$r_t = \frac{v_{t+1}}{F_{t+1}} + L_{t+1}\frac{v_{t+2}}{F_{t+2}} + \cdots + L_{t+1}L_{t+2}\cdots L_{n-1}\frac{v_n}{F_n} \tag{2.14}$$

とおくと，1 期前の r_{t-1} について

$$
\begin{aligned}
r_{t-1} &= \frac{v_t}{F_t} + L_t\frac{v_{t+1}}{F_{t+1}} + L_tL_{t+1}\frac{v_{t+2}}{F_{t+2}} + \cdots + L_tL_{t+1}L_{t+2}\cdots L_{n-1}\frac{v_n}{F_n} \\
&= \frac{v_t}{F_t} + L_tr_t
\end{aligned}
$$

という後ろ向きの漸化式が得られる．したがって，平滑化状態 $\hat{\alpha}_t$ は次式のアルゴリズムにより逐次的に計算することができる．

$$
r_{t-1} = F_t^{-1}v_t + L_tr_t, \quad \hat{\alpha}_t = a_{t|t} + P_{t|t}r_t, \quad t = n, \ldots, 1. \tag{2.15}
$$

ただし，最終時点 $t = n$ より後には観測値が得られないため $r_n = 0$ となる．逐次計算式 (2.15) は，まとめて**状態平滑化漸化式**（state smoothing recursion）と呼ばれる．ここで，$a_{t|t}$ は式 (2.9) から a_1 と $v_1, \ldots, v_t$ の加重和であり，r_t は $v_{t+1}, \ldots, v_n$ の加重和であることから，$\hat{\alpha}_t$ は初期分布平均 a_1 と 1 期先予測誤差 $v_1, \ldots, v_n$ の加重和となることがわかる．さらに，$v_t = y_t - a_t$ から，$\hat{\alpha}_t$ は a_1 と観測値 $y_1, \ldots, y_n$ の加重平均であることもいえる．

平滑化状態分散 $V_t = \mathrm{Var}(\alpha_t|Y_n)$ も同様な方法で導かれる．多変量正規分布における条件付き分散の定理 (1.21) を用いて，式 (2.12)，(2.13) と同様にして次式を得る．

$$
\begin{aligned}
V_t &= \mathrm{Var}(\alpha_t|y) = \mathrm{Var}(\alpha_t|v_{t+1}, \ldots, v_n, Y_t) \\
&= \mathrm{Var}(\alpha_t|Y_t) - \mathrm{Cov}[\alpha_t, (v_{t+1}, \ldots, v_n)'|Y_t]\,\mathrm{Var}[(v_1, \ldots, v_n)']^{-1} \\
&\quad \times \mathrm{Cov}[\alpha_t, (v_{t+1}, \ldots, v_n)'|Y_t]' \\
&= P_{t|t} + \sum_{j=t+1}^{n} [\mathrm{Cov}(\alpha_t, v_j|Y_t)]^2 F_j^{-1} \\
&= P_{t|t} - P_{t|t}^2(F_{t+1}^{-1} + L_{t+1}^2F_{t+2}^{-1} + \cdots + L_{t+1}^2\cdots L_{n-1}^2F_n^{-1}).
\end{aligned} \tag{2.16}
$$

ここで，$N_t = \mathrm{Var}(r_t)$ とおいて式 (2.14) の分散をとると，$v_{t+1}, \ldots, v_n$ は互いに独立であるため

$$
N_t = F_{t+1}^{-1} + L_{t+1}^2F_{t+2}^{-1} + \cdots + L_{t+1}^2\cdots L_{n-1}^2F_n^{-1} \tag{2.17}
$$

が得られ，$V_t = P_{t|t} - P_{t|t}^2 N_t$ となることがわかる．さらに，式 (2.15) の r_t の漸化式について分散をとることにより，N_t の後ろ向き漸化式 $N_{t-1} = \frac{1}{F_t} + L_t^2 N_t$ が得られる．したがって，平滑化状態分散 V_t の逐次計算アルゴリズムは

$$N_{t-1} = F_t^{-1} + L_t^2 N_t, \quad V_t = P_{t|t} - P_{t|t}^2 N_t, \quad t = n, \ldots, 1 \qquad (2.18)$$

となる．ただし $N_n = \mathrm{Var}(r_n) = 0$ とする．漸化式 (2.18) は，まとめて**状態分散平滑化漸化式**（state variance smoothing recursion）と呼ばれる．以上により，カルマンフィルタの成果物 $a_{t|t}, P_{t|t}, v_t$ を用いて平滑化状態と平滑化状態分散を求める状態平滑化の逐次計算式 (2.15)，(2.18) が示された．

ここで，図 2.2 の体重計測データに対する状態平滑化の結果を図 2.3 に示した．太線の平滑化状態は，図 2.2 のフィルタ化推定値に比べてより滑らかに推移していることが見てとれる．これは，フィルタ化推定値 $a_{t|t}$ がその時点から過去の観測値 $y_1, \ldots, y_t$ のみに基づいて推定されるのに対し，平滑化状態 $\hat{\alpha}_t$ は過去と将来も含めた全観測値 $y_1, \ldots, y_n$ を推定に用いたことによる違いと見ることができる．上下の細線は $\hat{\alpha}_t \pm z_{0.025}\sqrt{V_t}$ により算出された平滑化状態の 95% 信頼区間を表しており，フィルタ化推定値 $a_{n|n} = \mathrm{E}(\alpha_n|Y_n)$ と平滑化状態 $\hat{\alpha}_n = \mathrm{E}(\alpha_n|y)$ が等しくなる最終時点 n を除いて，平滑化状態の信頼区間の幅はフィルタ化推定値のものよりも狭くなる．なお，状態平滑化の場合，初期分布の分散が大きければ，

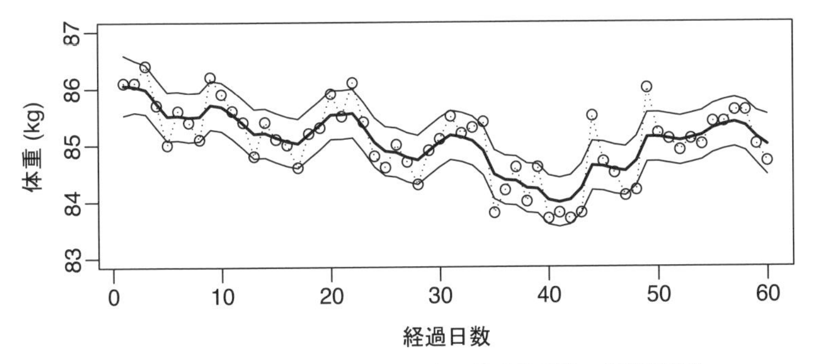

図 2.3　ローカルレベルモデルによる体重時系列の状態平滑化

前後に十分な観測値が存在する中間時点 $t \fallingdotseq n/2$ にて平滑化状態分散 V_t が最も小さくなることに注意する．ここでも $n \to \infty$ で $V_{n/2}$ はある値に収束することがいえる．

最後に，状態平滑化によって付随的に求められる撹乱項 ε_t, η_t の平滑化推定量を紹介する．これらは，ローカルレベルモデルのモデル式 (2.1), (2.2) に平滑化状態 $\hat{\alpha}_t$ を代入することによって

$$
\begin{aligned}
\hat{\varepsilon}_t &= \mathrm{E}(\varepsilon_t|y) = y_t - \hat{\alpha}_t, \\
\hat{\eta}_t &= \mathrm{E}(\eta_t|y) = \hat{\alpha}_{t+1} - \hat{\alpha}_t = \sigma_\eta^2 r_t
\end{aligned}
\tag{2.19}
$$

として得られ，$\hat{\varepsilon}_t$ は**平滑化観測値撹乱項**，$\hat{\eta}_t$ は**平滑化状態撹乱項**と呼ばれる．これらの平滑化分散についても，平滑化状態分散 V_t と N_t を用いて

$$
\begin{aligned}
\mathrm{Var}(\varepsilon_t|y) &= \mathrm{Var}(y_t - \alpha_t|y) = \mathrm{Var}(\alpha_t|y) = V_t, \\
\mathrm{Var}(\eta_t|y) &= \sigma_\eta^2 - \sigma_\eta^4 N_t
\end{aligned}
\tag{2.20}
$$

と表すことができる．式 (2.19) と (2.20) の導出については 3.2.1 項で示す．

2.2.3　欠測値の扱いと補間

1.2.5 項で既に述べたように，状態空間モデルの大きな利点の一つは，欠測値を扱うのが簡単な点である．ここでは，$1 < \tau < \tau^* < n$ として時点 $t = \tau, \tau+1, \ldots, \tau^*$ において観測値が欠測していると仮定して，欠測ありの状況下におけるフィルタリングおよび状態平滑化の方法を解説する．このとき状態平滑化によって，自動的に欠測時点 $t = \tau, \tau+1, \ldots, \tau^*$ の状態が補間されることとなる．なお，一般に欠測期間が複数に分かれている場合でも，同様にして扱うことができる．

まず，欠測時点 $t = \tau, \tau+1, \ldots, \tau^*$ におけるフィルタリングについて容易に次式が得られる．

$$
\begin{aligned}
\mathrm{E}(\alpha_t|Y_t) &= \mathrm{E}(\alpha_t|Y_{\tau-1}) = \mathrm{E}\left(\alpha_\tau + \sum_{j=\tau}^{t-1}\eta_j \middle| Y_{\tau-1}\right) = a_\tau, \\
\mathrm{E}(\alpha_{t+1}|Y_t) &= \mathrm{E}(\alpha_{t+1}|Y_{\tau-1}) = \mathrm{E}\left(\alpha_\tau + \sum_{j=\tau}^{t}\eta_j \middle| Y_{\tau-1}\right) = a_\tau, \\
\mathrm{Var}(\alpha_t|Y_t) &= \mathrm{Var}(\alpha_t|Y_{\tau-1}) = \mathrm{Var}\left(\alpha_\tau + \sum_{j=\tau}^{t-1}\eta_j \middle| Y_{\tau-1}\right) \\
&= P_\tau + (t-\tau)\sigma_\eta^2, \\
\mathrm{Var}(\alpha_{t+1}|Y_t) &= \mathrm{Var}(\alpha_{t+1}|Y_{\tau-1}) = \mathrm{Var}\left(\alpha_\tau + \sum_{j=\tau}^{t}\eta_j \middle| Y_{\tau-1}\right) \\
&= P_\tau + (t-\tau+1)\sigma_\eta^2
\end{aligned}
$$

ゆえに，欠測期間 $t=\tau,\tau+1,\ldots,\tau^*$ におけるカルマンフィルタの逐次計算式が

$$
\begin{aligned}
a_{t|t} &= a_t, \quad\ P_{t|t} = P_t, \\
a_{t+1} &= a_{t|t}, \ P_{t+1} = P_{t|t} + \sigma_\eta^2
\end{aligned}
\tag{2.21}
$$

として得られる．その他の時点 $t=1,\ldots,\tau-1$ と $t=\tau^*+1,\ldots,n$ については，元のカルマンフィルタ (2.8) がそのまま適用される．式 (2.21) は，カルマンフィルタ (2.8) において $v_t=0, F_t^{-1}=0$ とおいた場合に一致する．

次に，状態平滑化について解説する．欠測時点 $t=\tau,\tau+1,\ldots,\tau^*$ においてイノベーション $v_t=y_t-a_t$ が得られないため，平滑化状態を得るための式 (2.12) は欠測時間に関する項を除外することにより

$$
\hat{\alpha}_t = a_{t|t} + \sum_{j=\tau^*+1}^{n}\mathrm{Cov}(\alpha_t, v_j|Y_t)F_j^{-1}v_j
$$

となる．ここで，欠測時点 $t=\tau,\tau+1,\ldots,\tau^*$ における状態と欠測期間後の 1 期先予測誤差との間の共分散は

$$
\begin{aligned}
\mathrm{Cov}(\alpha_t, v_{\tau^*+1}|Y_t) &= \mathrm{Cov}(\alpha_t, \alpha_t + \sum_{j=t}^{\tau^*} \eta_j + \varepsilon_{\tau^*+1} - a_{\tau^*+1}|Y_t) = P_{t|t}, \\
\mathrm{Cov}(\alpha_t, v_{\tau^*+2}|Y_t) &= \mathrm{Cov}(\alpha_t, \alpha_t + \sum_{j=t}^{\tau^*+1} \eta_j + \varepsilon_{\tau^*+2} - a_{\tau^*+2}|Y_t) \\
&= \mathrm{Cov}(\alpha_t, \alpha_t - a_{\tau^*+1} - K_{\tau^*+1} v_{\tau^*+1}|Y_t) = P_{t|t} L_{\tau^*+1}, \\
&\vdots \\
\mathrm{Cov}(\alpha_t, v_n|Y_t) &= P_{t|t} L_{\tau^*+1} \cdots L_{n-1}
\end{aligned}
$$

となることから，欠測時点 $t = \tau, \tau+1, \ldots, \tau^*$ における平滑化状態は式 (2.14) で定義される r_{τ^*} を用いて

$$
\begin{aligned}
\hat{\alpha}_t &= a_{t|t} + P_{t|t} \left(\frac{v_{\tau^*+1}}{F_{\tau^*+1}} + L_{\tau^*+1} \frac{v_{\tau^*+2}}{F_{\tau^*+2}} + \cdots + L_{\tau^*+1} \cdots L_{n-1} \frac{v_n}{F_n} \right) \\
&= a_{t|t} + P_{t|t} r_{\tau^*}
\end{aligned}
$$

と表される．これは，欠測時点 $t = \tau, \tau+1, \ldots, \tau^*$ における状態平滑化の逐次計算式を

$$
r_{t-1} = r_t, \quad \hat{\alpha}_t = a_t + P_t r_{t-1} \tag{2.22}
$$

とすることによって同じ結果が得られる．また，平滑化状態分散 V_t についても同様に

$$
\begin{aligned}
V_t &= P_{t|t} + \sum_{j=\tau^*+1}^{n} [\mathrm{Cov}(\alpha_t, v_j|Y_t)]^2 F_j^{-1} \\
&= P_{t|t} - P_{t|t}^2 (F_{\tau^*+1}^{-1} + L_{\tau^*+1}^2 F_{\tau^*+2}^{-1} + \cdots + L_{\tau^*+1}^2 \cdots L_{n-1}^2 F_n^{-1}) \\
&= P_{t|t} - P_{t|t}^2 N_{\tau^*}
\end{aligned}
$$

となり，欠測時点 $t = \tau, \tau+1, \ldots, \tau^*$ における逐次計算式は

$$
N_{t-1} = N_t, \quad V_t = P_t - P_t^2 N_{t-1} \tag{2.23}
$$

として得られる．ここでも式 (2.22) と (2.23) は，状態平滑化漸化式 (2.15)

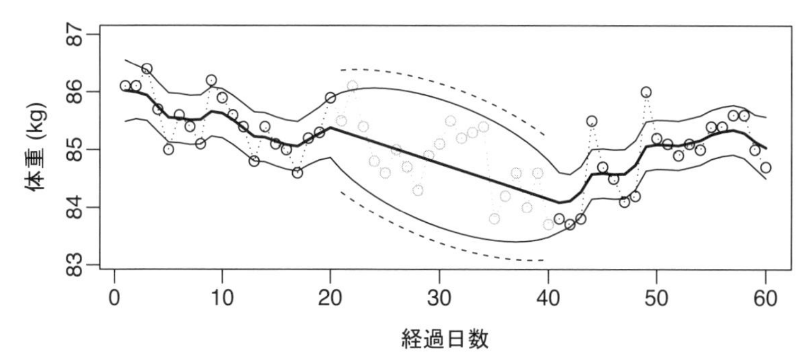

図 2.4　ローカルレベルモデルによる欠測を含む体重の状態平滑化

と状態分散平滑化漸化式 (2.18) において $v_t = 0, F_t^{-1} = 0$ とおいた場合に一致する．以上から，欠測のある時系列に対するカルマンフィルタと状態平滑化は，欠測時点 $t = \tau, \tau+1, \ldots, \tau^*$ において $v_t = 0, F_t^{-1} = 0$ とおくことで通常と同様に計算できることがわかった．

解析例として，これまでの体重計測データについて時点 $t = 21, 22, \ldots, 40$ を作為的に欠測にした上で状態平滑化を行った結果を図 2.4 に示す．欠測期間における太線の平滑化状態は，欠測期間の直前と直後の平滑化状態を線形に補間しているのがわかる．一方，上下の実線で示された 95% 信頼区間の幅は，欠測期間の中間点に近づくにつれ大きくなっている．また，ここでは平滑化状態の信頼区間に加えて，欠測期間において本来観測されるはずであった観測値 $y_{21}, y_{22}, \ldots, y_{40}$ の 95% 予測区間 $\hat{\alpha}_t \pm z_{0.025}\sqrt{V_t + \sigma_\varepsilon^2}$ を上下の破線で示している．灰色のプロットで示した欠測期間中の実際の観測値は，全てこの予測区間内に収まっていることがわかる．

2.2.4　長期予測

2.2.1 項のカルマンフィルタでは状態の 1 期先予測を行う計算式を導出したが，1 期先予測の繰り返しによって状態および観測値の長期予測も可能となる．$j = 1, 2, \ldots$ として，最終時点 n から j 期先の予測を行う．観測値 y_t，状態 α_t そして撹乱項 ε_t, η_t を将来時点 $t = n+1, n+2, \ldots$ まで拡張し，そこでもローカルレベルモデル (2.1)，(2.2) に従うものと仮

定する．このとき，やはり将来の状態および観測値も多変量正規分布に従うこととなり，条件付き平均と条件付き分散だけで議論することができる．ここで，状態の長期予測における条件付き平均と条件付き分散を $\bar{a}_{n+j} = \mathrm{E}(\alpha_{n+j}|y)$，$\bar{P}_{n+j} = \mathrm{Var}(\alpha_{n+j}|y)$ と表し，また観測値の長期予測における条件付き平均と条件付き分散を $\bar{y}_{n+j} = \mathrm{E}(y_{n+j}|y)$，$\bar{F}_{n+j} = \mathrm{Var}(y_{n+j}|y)$ と表す．

ローカルレベルモデルにおける長期予測はとても簡単であり，逐次計算を経ずとも直接的に次のように求まる．

$$
\begin{aligned}
\bar{a}_{n+j} &= \mathrm{E}(\alpha_{n+j}|y) = \mathrm{E}\left(\alpha_n + \sum_{t=n+1}^{n+j} \eta_t \middle| y\right) = a_{n|n}, \\
\bar{P}_{n+j} &= \mathrm{Var}(\alpha_{n+j}|y) = \mathrm{Var}\left(\alpha_n + \sum_{t=n+1}^{n+j} \eta_t \middle| y\right) = P_{n|n} + j\sigma_\eta^2, \\
\bar{y}_{n+j} &= \mathrm{E}(\alpha_{n+j} + \varepsilon_{n+j}|y) = \bar{a}_{n+j}, \\
\bar{F}_{n+j} &= \mathrm{Var}(\alpha_{n+j} + \varepsilon_{n+j}|y) = \bar{P}_{n+j} + \sigma_\varepsilon^2.
\end{aligned}
\tag{2.24}
$$

なお，後の 3.2.2 項で解説するように，一般の線形ガウスモデルでは行列計算による 1 期先予測を繰り返すことで長期予測が行われる．

解析例として，これまでの体重計測データについて $n = 50$ を最終時点として，その後の観測値 $y_{51}, \ldots, y_{60}$ の予測を行った結果を図 2.5 に示した．状態の 95% 予測区間は $\bar{a}_{n+j} \pm z_{0.025}\sqrt{\bar{P}_{n+j}}$，観測値の 95% 予測区間は $\bar{y}_{n+j} \pm z_{0.025}\sqrt{\bar{F}_{n+j}}$ として，それぞれ実線と破線で示されている．

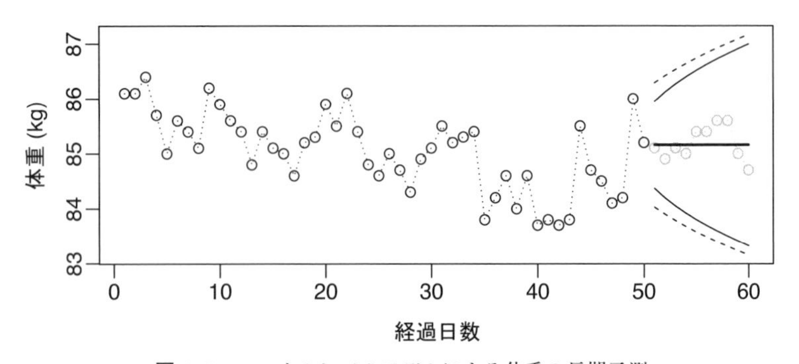

図 2.5　ローカルレベルモデルによる体重の長期予測

ローカルレベルモデルにおいては式 (2.24) より $\bar{y}_{n+j} = \bar{a}_{n+j} = a_{n|n}$ であり，最終時点 $t = n$ におけるフィルタ化推定値がそのまま将来の予測値となるため，あまり意味のある予測値とはいえないが，それでも幅のある予測区間を示すことで将来の上ブレと下ブレのリスクが評価できるため予測には意義がある．実際に，灰色のプロットで示された将来の時系列の実現値 $y_{51}, \ldots, y_{60}$ は，破線の予測区間内に収まっていることがわかる．

2.3 初期化とパラメータ推定

前節では，撹乱項分散 $\sigma_\varepsilon^2, \sigma_\eta^2$ と初期状態 α_1 の分布 $N(a_1, P_1)$ について既知として状態や未観測の観測値の条件付き分布を議論してきた．通常これらのパラメータと初期分布は未知であるため，何らかの推定手法あるいは仮定が必要となる．そこで本節では，初期状態の設定手法と最尤法によるパラメータ推定について解説を行う．

2.3.1 初期状態の設定

まず，未知の初期状態の扱いについて検討する．初期状態の分布 $N(a_1, P_1)$ について，専門家の知見などから設定する術がある場合はそのようにすべきである．しかし現実には，時系列データ以外には初期状態に関する情報はないものと考えるケースが多い．初期時点 $t = 1$ はあくまで観測を始めた時点であり，状態推移はそれ以前 $t = 0, -1, -2, \ldots$ からずっと続いてきたものだとすると，非定常なローカルレベルモデルにおいては初期状態の分散は実質的に無限であるものと考えるべきである．

この実質無限の分散に対して，P_1 を十分に大きくとることで近似的に扱う方法が考えられる．ここで言う「十分」とは，観測値 $y_1, \ldots, y_n$ が実際に動いた範囲を大きく上回る標準偏差をとることを意味する．これによって近似的に初期状態 α_1 について何の事前情報もないことを表現できる．しかし，この方法は 2.3.2 項で紹介する尤度の計算が P_1 の値に依存するという欠点をもち，そのために 3.2.6 項で扱うモデル選択に尤度を用いることができなくなる．

そこで，ここでは初期状態分散を $P_1 \to \infty$ としてカルマンフィルタを開始する方法を考える．このとき，初期状態平均 a_1 はどのような値をとっても同じ結果を得るため実際には設定不要となる．状態空間モデルにおいて，このような初期状態の設定方法は**散漫初期化**（diffuse initialization）と呼ばれ，そこから得られるフィルタは**散漫なカルマンフィルタ**（diffuse Kalman filter）と呼ばれる．散漫初期化は，a_1, P_1 を固定された有限の値として，最初のフィルタリング (2.4) から求まる $a_{1|1}, P_{1|1}$ について $P_1 \to \infty$ とすることで得られる．$v_1 = y_1 - a_1, F_1 = P_1 + \sigma_\varepsilon^2$ を式 (2.4) に代入して $P_1 \to \infty$ の極限をとると

$$\begin{aligned} a_{1|1} &= a_1 + P_1 F_1^{-1} v_1 = a_1 + \frac{P_1}{P_1 + \sigma_\varepsilon^2}(y_1 - a_1) \to y_1, \\ P_{1|1} &= P_1 - P_1^2 F_1^{-1} = \frac{P_1}{P_1 + \sigma_\varepsilon^2}\sigma_\varepsilon^2 \to \sigma_\varepsilon^2 \end{aligned} \tag{2.25}$$

となる．すると，そこから式 (2.5) により $a_2 = a_{1|1} = y_1, P_2 = P_{1|1} + \sigma_\eta^2 = \sigma_\varepsilon^2 + \sigma_\eta^2$ が得られ，以降は $t = 2, \ldots, n$ に対してカルマンフィルタ (2.8) を通常通り進めることができる．ここで，式 (2.25) は y_1 が固定されたものと考えたときの初期状態 α_1 の分布が $(\alpha_1 - y_1) \sim N(0, \sigma_\varepsilon^2)$ となることを意味しており，α_1 の事前情報がない場合の条件付き分布として直観的に納得できる．

なお，状態平滑化については，式 (2.25) とその後のカルマンフィルタからフィルタ化推定量とその推定誤差分散が普通に得られ，さらに r_t も時点 n から後ろ向きに更新され初期状態分布を使わないことから，散漫な初期状態を特に考慮する必要がない．

2.3.2　パラメータの最尤推定

ここでは，ローカルレベルモデルの尤度を評価し，モデルパラメータ $\sigma_\varepsilon^2, \sigma_\eta^2$ を最尤法により推定することを考える．

まず，初期状態分布 $\alpha_1 \sim N(a_1, P_1)$ が既知である場合の尤度関数を求める．$y_1, \ldots, y_t$ の同時密度について，周辺密度と条件付き密度で

$$p(y_1, \ldots, y_t) = p(Y_{t-1})p(y_t|Y_{t-1})$$

と分解できることを用いて，$y_1, \ldots, y_n$ の同時密度関数は次のように表すことができる．

$$p(y) = \prod_{t=1}^{n} p(y_t|Y_{t-1}).$$

ただし $p(y_1|Y_0) = p(y_1)$ とおいた．ここで，$p(y_t|Y_{t-1})$ は正規分布 $N(a_t, F_t)$ の密度関数となるため，$v_t = y_t - a_t$ の密度関数 $p(v_t)$ と

$$p(v_t) = p(y_t|Y_{t-1})$$

の関係にあることがわかる．ゆえに，同時密度 $p(y)$ の対数である対数尤度は

$$\log L = \log p(y) = -\frac{n}{2}\log(2\pi) - \frac{1}{2}\sum_{t=1}^{n}\left(\log F_t + \frac{v_t^2}{F_t}\right) \tag{2.26}$$

となる．F_t はカルマンフィルタ (2.8) から得られるため，カルマンフィルタの結果を用いて尤度の評価が可能となる．

次に，散漫初期化を行っている場合の尤度の評価方法を検討する．散漫な初期分布に対しては，$F_1 = P_1 + \sigma_\varepsilon^2 \to \infty$ となることから式 (2.26) の対数尤度は発散してしまう．そこで，P_1 の影響を $P_1 \to \infty$ で取り除くために，次式の**散漫対数尤度**（diffuse loglikelihood）を定義する．

$$\begin{aligned}\log L_d &= \lim_{P_1 \to \infty}\left(\log L + \frac{1}{2}\log P_1\right)\\ &= -\frac{1}{2}\lim_{P_1 \to \infty}\left(\log\frac{F_1}{P_1} + \frac{v_1^2}{F_1}\right) - \frac{n}{2}\log(2\pi) - \frac{1}{2}\sum_{t=2}^{n}\left(\log F_t + \frac{v_t^2}{F_t}\right)\\ &= -\frac{n}{2}\log(2\pi) - \frac{1}{2}\sum_{t=2}^{n}\left(\log F_t + \frac{v_t^2}{F_t}\right). \end{aligned} \tag{2.27}$$

ここで $P_1 \to \infty$ に対して $F_1/P_1 \to 1$ そして $v_1^2/F_1 \to 0$ となることを用いた．なお v_t と F_t は，$t = 2, \ldots, n$ に対して $P_1 \to \infty$ のとき有限のまま

であることに注意する.

最尤法は,対数尤度を未知パラメータの関数と考えて,対数尤度を最大にする未知パラメータの値をパラメータの推定量として採用する推定手法である.対数尤度に対して解析的な最適解が求まるケースは稀であり,通常はコンピュータによる数値解として求めることとなる.ここで,式 (2.26) あるいは (2.27) の対数尤度から数値的に分散 $\sigma_\varepsilon^2, \sigma_\eta^2$ の最尤推定量を求める際,分散は正の実数に限定されるという数値最適化上の制約を外すために,$\psi_\varepsilon = \log \sigma_\varepsilon, \psi_\eta = \log \sigma_\eta$ により全ての実数をとりうるパラメータ $\psi_\varepsilon, \psi_\eta$ に変換した上で数値最適化が行われることが多い.

なお,散漫対数尤度で加えた項 $\frac{1}{2}\log P_1$ は未知パラメータ $\sigma_\varepsilon^2, \sigma_\eta^2$ に依存しないため,対数尤度 (2.26) に対する最尤推定量 $\hat{\sigma}_\varepsilon^2, \hat{\sigma}_\eta^2$ は,$P_1 \to \infty$ のときに散漫対数尤度 (2.27) に対する最尤推定量へと収束することがわかっており,十分に大きい初期状態分散 P_1 に対する対数尤度を用いても散漫対数尤度とほぼ同じ最尤推定値が得られる.

2.4 ローカルレベルモデルと等価な ARIMA モデル

1.2.4 項ではローカルレベルモデルと ARIMA(0,1,1) モデルが同等な観測値の挙動を記述することを述べたが,このことを観測値の階差系列 $\Delta y_t = y_t - y_{t-1}$ の自己共分散関数により確かめる.

ローカルレベルモデルの y_t について 1 階の階差をとると

$$\Delta y_t = y_t - y_{t-1} = \alpha_t - \alpha_{t-1} + \varepsilon_t - \varepsilon_{t-1} = \eta_t + \varepsilon_t - \varepsilon_{t-1}$$

を得る.ここから Δy_t の自己共分散関数 C_k, $k = 0, 1, \ldots$ について

$$\begin{aligned} C_0 &= \mathrm{Var}(\Delta y_t) = \mathrm{Var}(\eta_t) + \mathrm{Var}(\varepsilon_t) + \mathrm{Var}(-\varepsilon_{t-1}) = \sigma_\eta^2 + 2\sigma_\varepsilon^2, \\ C_1 &= \mathrm{E}[(\eta_t + \varepsilon_t - \varepsilon_{t-1})(\eta_{t-1} + \varepsilon_{t-1} - \varepsilon_{t-2})] = -\mathrm{E}(\varepsilon_{t-1}^2) = -\sigma_\varepsilon^2, \\ C_k &= \mathrm{E}[(\eta_t + \varepsilon_t - \varepsilon_{t-1})(\eta_{t-k} + \varepsilon_{t-k} - \varepsilon_{t-k-1})] = 0, \quad k = 2, 3, \ldots \end{aligned} \tag{2.28}$$

となることがわかる.一方,MA(1) モデル (1.30) における自己共分散関

数は式 (1.31) より

$$C_0 = (1 + \lambda_1^2)\sigma^2, \quad C_1 = \lambda_1\sigma^2, \quad C_k = 0, \quad k = 2, 3, \ldots$$

となる．ここで，式 (2.28) と (1.31) の自己共分散を比較すると，$\rho = \sigma_\eta^2/\sigma_\varepsilon^2$ とおいて

$$\lambda_1 = \frac{\sqrt{\rho(\rho+4)} - \rho}{2} - 1, \quad \sigma^2 = -\frac{\sigma_\varepsilon^2}{\lambda_1}$$

としたときに，両者の自己共分散関数が完全に一致することがわかる．このとき，階差系列 Δy_t に対する MA(1) モデルは原系列 y_t に対する ARIMA(0,1,1) モデルであり，ARIMA(0,1,1) モデルについてローカルレベルモデルと同じく正規分布を仮定して適切な初期分布を与えれば，両者の観測値 $y_1, \ldots, y_n$ の同時分布は完全に一致し等価なモデルとなる．

以上のようにしてローカルレベルモデルと等価な ARIMA(0,1,1) モデルが構成できることを示したが，1.2.4 項でも述べたように ARIMA(0,1,1) モデルは観測値自体の挙動が表現されるのみであるのに対して，ローカルレベルモデルは観測誤差を除いた真の水準の推移を推定し，さらに毎期の変動要因を式 (2.19) から本質的な水準変動 η_t と観測誤差 ε_t に分けて説明できるという点で大きく異なる．

2.5　R パッケージ KFAS による解析コード

本書の第 2 章から第 4 章で紹介するモデルは全て，統計解析ソフト R のパッケージ `KFAS` を用いて解析することができる．本節では，第 2 章で示してきたフィルタリング，平滑化，欠測値の補間，長期予測を R で実際に行うための解析コード例を紹介していく．

パッケージ `KFAS` は R の導入時にプリインストールはされないため，R コンソール上で以下のコードを実行することにより CRAN ミラーサーバからインストールする必要がある．またインストールした後も，パッケージ `KFAS` を利用するには，R を起動するたびに関数 `library` を用いてパッケージを読み込まなければならない．

```
install.packages("KFAS") # ミラーサーバより取得してインストール（1度きり）
library(KFAS) # Rコンソールへのパッケージの読み込み（Rの起動ごとに必要）
```

状態空間モデルの定義は，以下のコードのように関数 SSModel を用いて行われる．SSModel の最初の引数では，~の左側に体重の時系列データ Weight を，右側にモデル式を与える．右側のモデル式にローカルレベルモデルを定義するには，関数 SSMtrend が用いられる．SSMtrend の最初の引数にはローカルレベルモデルの場合1を指定し，続いて状態攪乱項分散 σ_ε^2 を引数 Q で指定する．ここでは Q = NA（欠損）とおくことで σ_ε^2 を未知パラメータとして扱う．その後の引数 H は観測値攪乱項分散 σ_η^2 を与えるものであるが，ここでも H = NA とおいて未知パラメータとして扱う．上記で定義されたモデルを変数 mod に格納すると，print(mod) でモデルのサマリーを，model$Q でモデルの状態攪乱項分散 $Q = \sigma_\varepsilon^2$ などを確認することができる．

```
# ローカルレベルモデルの定義
mod <- SSModel(Weight ~ SSMtrend(1, Q = NA), H = NA)
```

モデルを定義したら，次に関数 fitSSM を用いて NA とおいた未知パラメータ $Q = \sigma_\varepsilon^2, H = \sigma_\eta^2$ の最尤推定を行う．ここでは最初の引数にモデルを，2番目の引数に未知パラメータの初期値を与え，その後の引数は内包されている最適化関数 optim へと引き渡されて対数尤度の最適化が行われる．引数 method には最適化手法として"BFGS"（準ニュートン法）を指定している．最適化の結果を変数 fit に代入すると，fit$model に未知パラメータ Q, H に最尤推定値が入ったモデルが格納され，例えば fit$model$H で H の推定値が確認できる．

```
# 未知パラメータの推定
fit <- fitSSM(mod, numeric(2), method = "BFGS")
```

最後に，関数 KFS に推定されたモデル fit$model を渡すことで，カルマンフィルタおよび状態平滑化の結果が得られる．

```
# カルマンフィルタと平滑化の実行
kfs <- KFS(fit$model)
```

上記の結果，変数 kfs にはカルマンフィルタと平滑化の結果として 1 期先予測 a_t, P_t，1 期先予測誤差 v_t, F_t，平滑化状態 $\hat{\alpha}_t, V_t$ などが格納されている．ただし，フィルタ化推定量 $a_{t|t}, P_{t|t}$ は関数 KFS から与えられないため，1 期先予測 a_{t+1}, P_{t+1} を元に $a_{t|t} = a_{t+1}, P_{t|t} = P_{t+1} - \sigma_\eta^2$ のように算出する必要があり，例えば R コードで次のようにして得る．フィルタ化状態あるいは平滑化状態の信頼区間も以下のコードにより得られる．

```
# フィルタ化推定量とその信頼区間
afilt <- kfs$a[-1]
Pfilt <- kfs$P[,,-1] - fit$model$Q
afiltconf <- cbind(afilt+sqrt(Pfilt)*pnorm(0.025),afilt+sqrt(Pfilt)*
  pnorm(0.975))
# 平滑化状態の信頼区間 (kfs$alphahat+sqrt(kfs$V)*pnorm(0.025) などでもよい)
alphahatconf <- predict(fit$model, interval = "confidence", level = 0.95)
```

最後に，長期予測や欠測値の補間は，関数 predict を用いて以下のコードにより得ることができる．最初の引数には推定されたモデルを渡し，引数 interval に"prediction"を指定すると観測値の予測値と予測区間（下限・上限）を与えてくれる．なお，上記コードのように引数 interval に"confidence"を指定すると，状態の推定値と信頼区間が得られる．長期予測では n.ahead で予測期間長を指定するが，指定のないときは欠測期間を含む観測時点 $t = 1, \ldots, n$ での予測値が与えられる．信頼水準は引数 level で指定されるがデフォルトでも 95% となっている．

```
# 長期予測
mod50 <- SSModel(Weight[1:50] ~ SSMtrend(1, Q = NA), H = NA)
fit50 <- fitSSM(mod50, numeric(2), method = "BFGS")
pre50 <- predict(fit50$model, interval ="prediction", n.ahead = 10,
  level = 0.95)
# 欠測値の補間
modNA <- SSModel(Weight[c(1:20,rep(NA,20),41:60] ~ SSMtrend(1, Q = NA),
  H = NA)
```

```
fitNA <- fitSSM(modNA, numeric(2), method = "BFGS")
preNA <- predict(fitNA$model, interval = "prediction", level = 0.95)
```

第 3 章

線形ガウス状態空間モデル

3.1 はじめに

本章では，前章で扱ったローカルレベルモデルの一般形である線形ガウス状態空間モデルを解説する．前半の 3.2 節では第 2 章で解説したカルマンフィルタを始めとする解析手法を線形ガウス状態空間モデルに対して導入し，後半の 3.3 節では様々な時系列に適用するためのモデル設計の方法と実データを用いた R による解析例を紹介する．

ローカルレベルモデル (2.1)，(2.2)，(2.3) の一般形である**線形ガウス状態空間モデル**（linear Gaussian state space model）は次式のように定義される．

$$
\begin{aligned}
y_t &= Z_t\alpha_t + \varepsilon_t, & \varepsilon_t &\sim N(0, H_t), & \\
\alpha_{t+1} &= T_t\alpha_t + R_t\eta_t, & \eta_t &\sim N(0, Q_t), & t = 1, \ldots, n. \\
& & \alpha_1 &\sim N(a_1, P_1), &
\end{aligned}
\tag{3.1}
$$

ただし，撹乱項と初期状態の組 $\varepsilon_1, \ldots, \varepsilon_n, \eta_1, \ldots, \eta_n, \alpha_1$ は全て互いに独立であると仮定する．観測値ベクトル y_t の次元を p_t，状態ベクトル α_t の次元を m とおく．観測値の一部の成分が欠測するような場合を考慮し，観測値ベクトルは時点により異なる次元をとれるものとする．一方で状態ベクトルは元々観測されない変数であるため，次元を変化させる必要はない．複雑な状態空間モデルを実装する際，モデル式 (3.1) 内のベクトルお

表 3.1　状態空間モデル (3.1) の次元

ベクトル	次数	行列	次元
y_t	p_t	Z_t	$p_t \times m$
α_t	m	T_t	$m \times m$
ε_t	p_t	H_t	$p_t \times p_t$
η_t	r	R_t	$m \times r$
		Q_t	$r \times r$
a_1	p_t	P_1	$p_t \times p_t$

よび行列の次元について混乱することが多いため，各ベクトルと行列の次元を表 3.1 にまとめておく．

モデル式 (3.1) 内の Z_t, H_t, T_t, R_t, Q_t は時間とともに値を変化させることができる．特に，係数行列 Z_t と T_{t-1} は，過去の観測値 $y_1, \ldots, y_{t-1}$ に依存させてもよい．状態撹乱項 η_t の係数行列 R_t は通常，単位行列 I_m の列ベクトルの部分集合からなる行列として定義され，**選択行列**（selection matrix）と呼ばれる．状態ベクトルの成分には，撹乱項が加わり確率的に推移する成分と，撹乱項を加えず決定的に推移する成分がしばしば混在し，選択行列 R_t は状態撹乱項 η_t の各成分を状態 α_t のどの成分に加えるかを選択している．また，式 (3.1) の観測方程式からわかるように，観測値 y_t の期待値は $\theta_t = Z_t\alpha_t$ となっており，これを**信号**（signal）と呼ぶ．

3.2　線形ガウス状態空間モデルの解析手法

3.2.1　フィルタリングと平滑化

初めに，一般の線形ガウス状態空間モデルにおけるフィルタリングと平滑化の漸化式を導出する．導出の流れは第 2 章のローカルレベルモデルと全く同じであるが，表 3.1 にあるようにモデルに係数行列（Z_t, T_t, R_t）が追加されて各要素の次元が変わったことで，漸化式も第 2 章より一般化されたものとなる．

カルマンフィルタ

まず，一般の線形ガウス状態空間モデルにおけるカルマンフィルタを

導出する．時点 t までの観測値を $Y_t = \{y_1, \ldots, y_t\}$ と表す．ただし Y_0 は観測値が全くない状態とする．第 2 章のローカルレベルモデルと同様に，与えられた初期状態 α_1 の平均 a_1 および分散 P_1 から出発して，各時点 t に対する状態 α_t の 1 期先状態予測 $a_t = \mathrm{E}(\alpha_t|Y_{t-1})$ とその予測誤差分散行列 $P_t = \mathrm{Var}(\alpha_t|Y_{t-1})$，およびフィルタ化推定量 $a_{t|t} = \mathrm{E}(\alpha_t|Y_t)$ とその推定誤差分散行列 $P_{t|t} = \mathrm{Var}(\alpha_t|Y_t)$ を交互に求めていくことを考える．

一般の線形ガウス状態空間モデルでは，状態の 1 期先予測 a_t に対して，観測値の 1 期先予測は $\mathrm{E}(y_t|Y_{t-1}) = \mathrm{E}(Z_t\alpha_t + \varepsilon_t|Y_{t-1}) = Z_t a_t$ となる．したがって，1 期先予測誤差（イノベーション）v_t および 1 期先予測誤差分散行列 F_t は

$$
\begin{aligned}
v_t &= y_t - \mathrm{E}(y_t|Y_{t-1}) = y_t - Z_t a_t, \\
F_t &= \mathrm{Var}(v_t|Y_{t-1}) = \mathrm{Var}(Z_t\alpha_t + \varepsilon_t|Y_{t-1}) = Z_t P_t Z_t' + H_t
\end{aligned}
\tag{3.2}
$$

となる．ここで v_t の定義から $\mathrm{E}(v_t|Y_{t-1}) = 0$ であり，また

$$
\begin{aligned}
\mathrm{Cov}(\alpha_t, v_t|Y_{t-1}) &= \mathrm{Cov}(\alpha_t, y_t - Z_t a_t|Y_{t-1}) \\
&= \mathrm{Cov}(\alpha_t, Z_t\alpha_t + \varepsilon_t - Z_t a_t|Y_{t-1}) = P_t Z_t'
\end{aligned}
$$

である．第 2 章と同様に，観測値 Y_{t-1} が与えられた下で y_t と $v_t = y_t - Z_t a_t$ は 1 対 1 に対応し，ゆえに $\mathrm{E}(\cdot|Y_t) = \mathrm{E}(\cdot|v_t, Y_{t-1})$ が成り立つので，第 1 章の多変量正規分布の条件付き平均，条件付き分散の結果 (1.21) を用いて

$$
\begin{aligned}
a_{t|t} &= \mathrm{E}(\alpha_t|v_t, Y_{t-1}) \\
&= \mathrm{E}(\alpha_t|Y_{t-1}) + \mathrm{Cov}(\alpha_t, v_t|Y_{t-1})\,\mathrm{Var}(v_t|Y_{t-1})^{-1} v_t \\
&= a_t + P_t Z_t' F_t^{-1} v_t = a_t + K_t v_t, \\
P_{t|t} &= \mathrm{Var}(\alpha_t|v_t, Y_{t-1}) \\
&= \mathrm{Var}(\alpha_t|Y_{t-1}) \\
&\quad - \mathrm{Cov}(\alpha_t, v_t|Y_{t-1})\,\mathrm{Var}(v_t|Y_{t-1})^{-1}\,\mathrm{Cov}(\alpha_t, v_t|Y_{t-1})' \\
&= P_t - P_t Z_t' F_t^{-1} Z_t P_t = P_t - K_t F_t K_t'
\end{aligned}
\tag{3.3}
$$

が得られる．ただし $K_t = P_t Z_t' F_t^{-1}$ とおいた．そして，$a_{t|t}, P_{t|t}$ から a_{t+1}, P_{t+1} が

$$
\begin{aligned}
a_{t+1} &= \mathrm{E}(\alpha_{t+1}|Y_t) = \mathrm{E}(T_t\alpha_t + R_t\eta_t|Y_t) = T_t a_{t|t}, \\
P_{t+1} &= \mathrm{Var}(\alpha_{t+1}|Y_t) = \mathrm{Var}(T_t\alpha_t + R_t\eta_t|Y_t) = T_t P_{t|t} T_t' + R_t Q_t R_t'
\end{aligned}
\tag{3.4}
$$

と導出される．

以上の更新式 (3.2)，(3.3)，(3.4) をまとめて，$t = 1, \ldots, n$ について

$$
\begin{aligned}
v_t &= y_t - Z_t a_t, & F_t &= Z_t P_t Z_t' + H_t, \\
a_{t|t} &= a_t + K_t v_t, & P_{t|t} &= P_t - K_t F_t K_t', \\
a_{t+1} &= T_t a_{t|t}, & P_{t+1} &= T_t P_{t|t} T_t' + R_t Q_t R_t'
\end{aligned}
\tag{3.5}
$$

としたものがカルマンフィルタの逐次計算式となる．ここで $K_t = P_t Z_t' F_t^{-1}$ はカルマンゲインと呼ばれる．なお，フィルタ化推定量 $a_{t|t}$ とその誤差分散行列 $P_{t|t}$ を求める必要がない場合には，式 (3.5) の 2，3 行目を 1 期先予測 a_t とその誤差分散行列 P_t だけの漸化式

$$
a_{t+1} = T_t a_t + T_t K_t v_t, \; P_{t+1} = T_t P_t L_t' T_t' + R_t Q_t R_t' \tag{3.6}
$$

にまとめることもできる．ただし $L_t = I_m - K_t Z_t$（I_m は m 次単位行列）とおいた．

状態平滑化

続いて，状態平滑化の逐次計算アルゴリズムを示す．まず，2.2.2 項と同様に $\mathrm{E}(\cdot|Y_t) = \mathrm{E}(\cdot|v_1, \ldots, v_t)$ および $\mathrm{E}(\cdot|y) = \mathrm{E}(\cdot|v_{t+1}, \ldots, v_n, Y_t)$ がいえる．すると $1 \le t < j \le n$ について，$v_t = y_t - a_t$ は Y_{j-1} が与えられた下で定数となることから

$$
\mathrm{Cov}(v_t, v_j) = \mathrm{E}(v_t v_j') = \mathrm{E}[\mathrm{E}(v_t v_j'|Y_{j-1})] = \mathrm{E}[v_t \, \mathrm{E}(v_j'|Y_{j-1})] = 0 \tag{3.7}
$$

となり，よって多変量正規分布に従う $v_1, \ldots, v_n$ は互いに独立であることがいえる．このことから $v = (v_1', \ldots, v_n')'$ の分散共分散行列は，行列

$F_1, \ldots, F_n$ を対角に並べて残りの要素をゼロとしたブロック行列

$$\mathrm{Var}(v) = \begin{pmatrix} F_1 & & O \\ & \ddots & \\ O & & F_n \end{pmatrix}$$

となることがわかる.

次に，α_t と $v_{t+1}, \ldots, v_n$ との共分散について，1 期先予測 a_t の漸化式 (3.6) を利用して

$$\begin{aligned}
&\mathrm{Cov}(\alpha_t, v_{t+1}|Y_t) \\
&\quad = \mathrm{Cov}(\alpha_t, Z_{t+1}\alpha_{t+1} + \varepsilon_{t+1} - Z_{t+1}a_{t+1}|Y_t) \\
&\quad = \mathrm{Cov}(\alpha_t, Z_{t+1}T_t\alpha_t + Z_{t+1}R_t\eta_t + \varepsilon_{t+1} - Z_{t+1}a_{t+1}|Y_t) \\
&\quad = \mathrm{Cov}(\alpha_t, Z_{t+1}T_t\alpha_t|Y_t) = P_{t|t}T_t'Z_{t+1}', \\
&\mathrm{Cov}(\alpha_t, v_{t+2}|Y_t) \\
&\quad = \mathrm{Cov}(\alpha_t, Z_{t+2}T_{t+1}\alpha_{t+1} + Z_{t+2}R_{t+1}\eta_{t+1} + \varepsilon_{t+2} - Z_{t+2}a_{t+2}|Y_t) \\
&\quad = \mathrm{Cov}(\alpha_t, Z_{t+2}T_{t+1}T_t\alpha_t - Z_{t+2}T_{t+1}a_{t+1} - Z_{t+2}T_{t+1}K_{t+1}v_{t+1}|Y_t) \\
&\quad = P_{t|t}T_t'T_{t+1}'Z_{t+2}' - P_{t|t}T_t'Z_{t+1}'K_{t+1}'T_{t+1}'Z_{t+2}' = P_{t|t}T_t'L_{t+1}'T_{t+1}'Z_{t+2}', \\
&\quad \vdots \\
&\mathrm{Cov}(\alpha_t, v_n|Y_t) = P_{t|t}T_t'L_{t+1}'T_{t+1}' \cdots L_{n-1}'T_{n-1}'Z_n'
\end{aligned}$$

が得られる.

以上から，多変量正規分布における条件付き平均，条件付き分布の結果 (1.21) を用いて，平滑化状態 $\hat{\alpha}_t = \mathrm{E}(\alpha_t|y)$ および平滑化状態分散 $V_t = \mathrm{Var}(\alpha_t|y)$ が次式のように求まる.

$$
\begin{aligned}
\hat{\alpha}_t &= \mathrm{E}(\alpha_t|y) = \mathrm{E}(\alpha_t|v_{t+1},\dots,v_n,Y_t) \\
&= \mathrm{E}(\alpha_t|Y_t) \\
&\quad + \mathrm{Cov}[\alpha_t,(v'_{t+1},\dots,v'_n)'|Y_t]\,\mathrm{Var}[(v'_{t+1},\dots,v'_n)]^{-1}(v'_{t+1},\dots,v'_n)' \\
&= a_{t|t} + \begin{pmatrix} \mathrm{Cov}(\alpha_t,v_{t+1}|Y_t) \\ \vdots \\ \mathrm{Cov}(\alpha_t,v_n|Y_t) \end{pmatrix}' \begin{pmatrix} F_{t+1} & & O \\ & \ddots & \\ O & & F_n \end{pmatrix}^{-1} \begin{pmatrix} v_{t+1} \\ \vdots \\ v_n \end{pmatrix} \\
&= a_{t|t} + \sum_{j=t+1}^{n} \mathrm{Cov}(\alpha_t,v_j|Y_t)F_j^{-1}v_j \\
&= a_{t|t} + P_{t|t}T'_t r_t, \\
V_t &= \mathrm{Var}(\alpha_t|y) = \mathrm{Var}(\alpha_t|v_{t+1},\dots,v_n,Y_t) \\
&= \mathrm{Var}(\alpha_t|Y_t) - \mathrm{Cov}[\alpha_t,(v'_{t+1},\dots,v'_n)'|Y_t]\,\mathrm{Var}[(v_1,\dots,v_n)']^{-1} \\
&\quad \times \mathrm{Cov}[\alpha_t,(v'_{t+1},\dots,v'_n)'|Y_t]' \\
&= P_{t|t} - \sum_{j=t+1}^{n} \mathrm{Cov}(\alpha_t,v_j|Y_t)F_j^{-1}\,\mathrm{Cov}(\alpha_t,v_j|Y_t)' \\
&= P_{t|t} - P_{t|t}T'_t N_t T_t P_{t|t}.
\end{aligned}
\tag{3.8}
$$

ただし

$$
\begin{aligned}
r_t &= Z'_{t+1}F_{t+1}^{-1}v_{t+1} + L'_{t+1}T'_{t+1}Z'_{t+2}F_{t+2}^{-1}v_{t+2} \\
&\quad + \cdots + L'_{t+1}T'_{t+1}\cdots L'_{n-1}T'_{n-1}Z'_nF_n^{-1}v_n, \\
N_t &= \mathrm{Var}(r_t) \\
&= Z'_{t+1}F_{t+1}^{-1}Z_{t+1} + L'_{t+1}T'_{t+1}Z'_{t+2}F_{t+2}^{-1}Z_{t+2}T_{t+1}L_{t+1} \\
&\quad + \cdots + L'_{t+1}T'_{t+1}\cdots L'_{n-1}T'_{n-1}Z'_nF_n^{-1}Z_nT_{n-1}L_{n-1}\cdots T_{t+1}L_{t+1}
\end{aligned}
$$

とおいた．このとき，r_t, N_t と1期前の r_{t-1}, N_{t-1} を比べることによって，後ろ向き漸化式

$$
\begin{aligned}
r_{t-1} &= Z_t' F_t^{-1} v_t + L_t' T_t' r_t, \\
N_{t-1} &= Z_t' F_t^{-1} Z_t + L_t' T_t' N_t T_t L_t
\end{aligned}
\tag{3.9}
$$

が得られる．以上の式 (3.8)，(3.9) をまとめると，**状態平滑化漸化式**は $r_n = 0, N_n = 0$ を初期値として $t = n, \ldots, 1$ について

$$
\begin{aligned}
r_{t-1} &= Z_t' F_t^{-1} v_t + L_t' T_t' r_t, \; N_{t-1} = Z_t' F_t^{-1} Z_t + L_t' T_t' N_t T_t L_t, \\
\hat{\alpha}_t &= a_{t|t} + P_{t|t} T_t' r_t, \qquad\qquad V_t = P_{t|t} - P_{t|t} T_t' N_t T_t P_{t|t}
\end{aligned}
\tag{3.10}
$$

となる．式 (3.10) の 2 行目は，1 期先予測 a_t とその予測誤差分散行列 P_t を用いて

$$
\hat{\alpha}_t = a_t + P_t r_{t-1}, \; V_t = P_t - P_t N_{t-1} P_t \tag{3.11}
$$

と表すこともできる．

なお，ここで導出した状態平滑化漸化式 (3.10)，(3.11) 以外にも，上の補助変数 r_t, N_t を用いずにカルマンフィルタの結果から平滑化状態 $\hat{\alpha}_t$ を得る次の漸化式 [1] もよく知られている．

$$
\begin{aligned}
A_t &= P_{t|t} T_t' P_{t|t}^{-1}, \\
\hat{\alpha}_t &= a_{t|t} + A_t(\hat{\alpha}_{t+1} - a_{t+1}), \quad t = n-1, \ldots, 1. \\
V_t &= P_{t|t} + A_t(V_{t+1} - P_{t+1}) A_t',
\end{aligned}
$$

状態平滑化 (3.10) の結果から，さらに撹乱項 ε_t, η_t の推定値である次の平滑化撹乱項

$$
\begin{aligned}
\hat{\varepsilon}_t &= \mathrm{E}(\varepsilon_t | y) = y_t - Z_t \hat{\alpha}_t = v_t - Z_t P_t r_{t-1}, \\
\hat{\eta}_t &= \mathrm{E}(\eta_t | y) = R_t^{-1}(\hat{\alpha}_{t+1} - T_t \hat{\alpha}_t) \\
&= R_t^{-1}[a_{t+1} + P_{t+1} r_t - T_t(a_{t|t} + P_{t|t} T_t' r_t)] = Q_t R_t' r_t
\end{aligned}
\tag{3.12}
$$

および平滑化撹乱項分散

$$
\begin{aligned}
\mathrm{Var}(\varepsilon_t | y) &= \mathrm{Var}(y_t - Z_t \alpha_t | y) = \mathrm{Var}(Z_t \alpha_t | y) = Z_t V_t Z_t', \\
\mathrm{Var}(\eta_t | y) &= Q_t - Q_t R_t' N_t R_t Q_t
\end{aligned}
\tag{3.13}
$$

も得ることができる．ここで式 (3.13) の第 2 式については，式 (1.21) から多変量正規分布の条件付き分散 $\mathrm{Var}(\eta_t|y)$ が条件 y の値に依存しないことを利用して

$$\begin{aligned}\mathrm{Var}(\eta_t|y) &= \mathrm{E}[\mathrm{Var}(\eta_t|y)] = \mathrm{Var}(\eta_t) - \mathrm{Var}[\mathrm{E}(\eta_t|y)] \\ &= \mathrm{Var}(\eta_t) - \mathrm{Var}(\hat{\eta}_t) = Q_t - Q_t R_t' N_t R_t Q_t\end{aligned}$$

と導出される．

3.2.2　欠測値の補間と長期予測

続いて，第 2 章でも扱った欠測値の補間と長期予測について，一般の線形ガウス状態空間モデルに拡張した解析手法を解説する．将来の観測されていない観測値も欠測値とみなせば，欠測値の推定と長期予測とは本質的に同じものであることがわかるが，ここでは第 2 章と同様に欠測値と長期予測を別問題として分けて考えることとする．

欠測値の補間

2.2.3 項ではローカルレベルモデルのフィルタリングや平滑化における欠測値の扱いを解説したが，一般の線形ガウス状態空間モデルでもその扱いは基本的に同じである．観測値が全く得られていない欠測期間を $t = \tau, \tau+1, \ldots, \tau^*$ とすると，$Y_\tau^* = Y_{\tau^*-1} = \cdots = Y_{\tau-1}$ となることから $t = \tau, \tau+1, \ldots, \tau^*$ におけるフィルタリングは

$$\begin{aligned}a_{t|t} &= \mathrm{E}(\alpha_t|Y_t) = \mathrm{E}(\alpha_t|Y_{t-1}) = a_t, \quad P_{t|t} = P_t, \\ a_{t+1} &= T_t a_{t|t}, \qquad\qquad\qquad\qquad P_{t+1} = T_t P_{t|t} T_t' + R_t Q_t R_t'\end{aligned} \tag{3.14}$$

となる．また，状態平滑化についても欠測期間 $t = \tau, \tau+1, \ldots, \tau^*$ において

$$\begin{aligned}r_{t-1} &= T_t' r_t, \qquad\qquad\quad N_{t-1} = T_t' N_t T_t, \\ \hat{\alpha}_t &= a_{t|t} + P_{t|t} T_t' r_t, \quad V_t = P_{t|t} - P_{t|t} T_t' N_t T_t P_{t|t}\end{aligned} \tag{3.15}$$

と r_t, N_t の漸化式のみを修正した逐次計算式を導出することができる．これらは 2.2.3 項と同様，カルマンフィルタおよび状態平滑化の漸化式 (3.5)，(3.10) において $v_t = 0, F_t^{-1} = O$ とおいた場合と一致する．また，欠測値を補間するには，欠測時点 $t = \tau, \tau+1, \ldots, \tau^*$ における欠測値の期待値 $\bar{y}_t = \mathrm{E}(y_t|y) = Z_t\hat{\alpha}_t$ を用いればよく，さらに欠測値の分散 $\bar{F}_t = Z_t V_t Z_t' + H_t$ を用いて補間した欠測値の予測区間を構成することもできる．

ここまでは欠測時点において観測値が全く得られない状況を扱ったが，多変量時系列においては観測値ベクトル y_t のうち一部の成分のみが欠測する場合も起こりうる．そのような場合には，観測された成分のみからなる観測値ベクトル y_t^+ を用いて時点 t の観測方程式を

$$y_t^+ = Z_t^+\alpha_t + \varepsilon_t^+, \quad \varepsilon_t^+ \sim N(0, H_t^+) \tag{3.16}$$

とする．ただし ε_t^+ と Z_t^+, H_t^+ は，ε_t, Z_t, H_t のうち y_t の観測された成分と同じ成分および対応する行からなるベクトルと行列である．このように部分的な欠測に対しては観測値ベクトルの次元が変わるものの，前節で導出したカルマンフィルタ (3.5) および平滑化 (3.10) は時点 t ごとに観測次元 p_t が異なることを許しているため，そのまま適用可能である．

一部の成分が欠測した観測値ベクトル y_t に対して，欠測した成分を補間するには例えば次の手順を用いればよい．まず一部が欠測した y_t について，全要素が欠測したものとして状態平滑化を行い，上述の欠測値の期待値 $\bar{y}_t$ および分散 $\bar{F}_t$ を得る．このとき y_t の条件付き分布は平均 $\bar{y}_t$，分散 $\bar{F}_t$ の多変量正規分布であるので，さらに観測された要素 y_t^+ を与えられた下での欠測要素 y_t^- の条件付き平均 $\bar{y}_t^-$ および条件付き分散 $\bar{F}_t^-$ を式 (1.21) により求めれば欠測要素の補間ができる．

長期予測

一般の線形ガウス状態空間モデル (3.1) において，最終時点以降の将来 $t = n+1, n+2, \ldots$ の状態および観測値を予測することを考える．$j = 1, 2, \ldots$ について，$t = n+j$ における状態の予測値を $\bar{a}_{n+j} = \mathrm{E}(\alpha_{n+j}|y)$,

その予測誤差分散を $\bar{P}_{n+j} = \mathrm{Var}(\alpha_{n+j}|y)$ と表す．また同じく，$t = n + j$ における観測値の予測値を $\bar{y}_{n+j} = \mathrm{E}(y_{n+j}|y)$，その予測誤差分散を $\bar{F}_{n+j} = \mathrm{Var}(y_{n+j}|y)$ と表す．

状態の予測については，途中の時点 $t = n+1, \ldots, n+j$ において観測値が欠測していると考えれば，欠測時点におけるカルマンフィルタ (3.14) がそのまま適用できるので，$j = 1, 2, \ldots$ について

$$\begin{aligned} \bar{a}_{n+j} &= T_{n+j-1}\bar{a}_{n+j-1}, \\ \bar{P}_{n+j} &= T_{n+j-1}\bar{P}_{n+j-1}T'_{n+j-1} + R_{n+j-1}Q_{n+j-1}R'_{n+j-1} \end{aligned} \tag{3.17}$$

の漸化式が得られる．さらにそこから，観測値の予測は通常のカルマンフィルタ (3.5) と同じく

$$\bar{y}_{n+j} = Z_{n+j}\bar{a}_{n+j}, \ \ \bar{F}_{n+j} = Z_{n+j}\bar{P}_{n+j}T'_{n+j} + H_{n+j} \tag{3.18}$$

によって得られる．

3.2.3　多変量時系列の単変量的取り扱い

3.2.1 項のフィルタリングおよび平滑化のアルゴリズム (3.5)，(3.10) では，1 期先予測誤差分散 F_t の逆行列 F_t^{-1} が使われている．そのため，F_t が正則行列ではなく逆行列が存在しない場合にはこれらのアルゴリズムが適用できない．ここでは，そのような場合にも適用でき，なおかつアルゴリズム (3.5)，(3.10) をより高速化する方策として，多変量時系列を単変量時系列化して扱う方法を紹介する．

一般の線形ガウス状態空間モデル (3.1) における観測方程式を y_t の成分ごとに分解して

$$\begin{aligned} y_{ti} &= Z_{ti}\alpha_{ti} + \varepsilon_{ti}, \\ \varepsilon_{ti} &\sim N(0, \sigma_{ti}^2), \end{aligned} \quad i = 1, \ldots, p_t, \quad t = 1, \ldots, n \tag{3.19}$$

と表す．ただし

$$y_t = \begin{pmatrix} y_{t1} \\ \vdots \\ y_{tp_t} \end{pmatrix},\ \varepsilon_t = \begin{pmatrix} \varepsilon_{t1} \\ \vdots \\ \varepsilon_{tp_t} \end{pmatrix},\ Z_t = \begin{pmatrix} Z_{t1} \\ \vdots \\ Z_{tp_t} \end{pmatrix},\ H_t = \begin{pmatrix} \sigma_{t1}^2 & & O \\ & \ddots & \\ O & & \sigma_{tp_t}^2 \end{pmatrix}$$

とおき，また $\alpha_{t1} = \cdots = \alpha_{tp_t} = \alpha_t$ とする．このとき，$y_{ti}, \varepsilon_{ti}, \sigma_{ti}^2$ は実数，Z_{ti} は m 次元の行ベクトルであることに注意する．

ここで，H_t は一般に対角行列ではないが，対称行列である H_t をある直交行列 C_t により $C_t' H_t C_t = H_t^*$ と対角化し，$y_t^* = C_t' y_t, Z_t^* = C_t' Z_t, \varepsilon_t^* = C_t' \varepsilon_t$ と変換して得られる観測方程式

$$y_t^* = Z_t^* \alpha_t + \varepsilon_t^*, \quad \varepsilon_t^* \sim N(0, H_t^*)$$

に置き換えることで式 (3.19) の分解が可能となる．

式 (3.19) のように観測方程式を y_t の成分ごとに分けたことにより，多変量時系列 $y_1, \ldots, y_n$ を単変量時系列

$$y_{11}, y_{12}, \ldots, y_{1p_1}, y_{21}, \ldots, y_{np_n}$$

として扱うことを考える．このとき，対応する状態ベクトルの系列 α_{11}, $\alpha_{12}, \ldots, \alpha_{1p_1}, \alpha_{21}, \ldots, \alpha_{np_n}$ が従う状態方程式は

$$\begin{aligned} \alpha_{t,i+1} &= \alpha_{ti}, \\ \alpha_{t+1,1} &= T_t \alpha_{tp_t} + R_t \eta_t, \quad i = 1, \ldots, p_t - 1, \quad t = 1, \ldots, n \\ \eta_t &\sim N(0, Q_t), \end{aligned} \tag{3.20}$$

となる．ここで初期状態ベクトルは $\alpha_{11} = \alpha_1 \sim N(a_1, P_1)$ である．このように単変量化されたモデルはなお線形ガウス状態空間モデルの範疇にある．

以上の単変量化した状態空間モデル (3.19)，(3.20) に対するフィルタリングおよび平滑化を考える．状態 α_{ti} の 1 期先予測 a_{ti} とその予測誤差分散行列 P_{ti} を $i = 1, \ldots, p_t + 1,\ t = 1, \ldots, n$ に対して

$$a_{t1} = \mathrm{E}(\alpha_{t1}|Y_{t-1}), \quad a_{ti} = \mathrm{E}(\alpha_{ti}|Y_{t-1}, y_{t1}, \ldots, y_{t,i-1}),$$
$$P_{t1} = \mathrm{Var}(\alpha_{t1}|Y_{t-1}), \ P_{ti} = \mathrm{Var}(\alpha_{ti}|Y_{t-1}, y_{t1}, \ldots, y_{t,i-1})$$

と定義する．ここで $i = p_t + 1$ を加えたのは後の更新式 (3.21) をシンプルにするための措置であり，$\alpha_{t1} = \cdots = \alpha_{t,p_t+1} = \alpha_t$ とする．このとき a_{t,p_t+1}, P_{t,p_t+1} は，$\alpha_t = \alpha_{t,p_t+1}$ のフィルタ化推定量 $\mathrm{E}(\alpha_t|Y_t)$ とその推定誤差分散行列 $\mathrm{Var}(\alpha_t|Y_t)$ となっている．これら a_{ti} および P_{ti} に対する1期先予測の漸化式 (3.6) は，$i = 1, \ldots, p_t$，$t = 1, \ldots, n$ について次のようになる．

$$\begin{aligned} a_{t,i+1} &= a_{ti} + K_{ti} v_{ti}, \ \ P_{t,i+1} = P_{ti} L'_{ti}, \\ a_{t+1,1} &= T_t a_{t,p_t+1}, \qquad P_{t+1,1} = T_t P_{t,p_t+1} T'_t + R_t Q_t R'_t. \end{aligned} \tag{3.21}$$

ここで

$$\begin{aligned} v_{ti} = y_{ti} - Z_{ti} a_{ti}, \ \ F_{ti} = Z_{ti} P_{ti} Z'_{ti} + \sigma^2_{ti}, \\ K_{ti} = P_{ti} Z'_{ti} F^{-1}_{ti}, \quad L_{ti} = I_m - K_{ti} Z_{ti} \end{aligned} \tag{3.22}$$

であり，v_{ti}, F_{ti} は実数，K_{ti} は m 次元列ベクトル，L_{ti} は $m \times m$ 行列となる．更新式 (3.21)，(3.22) から得られた a_{ti}, P_{ti} を基にして，元の状態 $\alpha_1, \ldots, \alpha_n$ に対する1期先予測 a_t, P_t およびフィルタ化推定量 $a_{t|t}, P_{t|t}$ は

$$\begin{aligned} a_t = a_{t1}, \qquad P_t = P_{t1}, \\ a_{t|t} = a_{t,p_t+1}, \ \ P_{t|t} = P_{t,p_t+1} \end{aligned} \tag{3.23}$$

と得られる．

式 (3.22) の v_{ti}, F_{ti} は，3.2.1 項のカルマンフィルタ (3.5) により得られる v_t の要素および F_t の対角成分とは一般に一致しないことに注意する．冒頭に述べた多変量モデルで F_t が正則行列でないケースは，単変量化されたモデルにおいて，ある F_{ti} がゼロになることと対応している．F_{ti} がゼロであることは，$v_{ti} = y_{ti} - Z_{ti} a_{ti}$ が常にゼロ，すなわち，y_{ti} がそれ以前の観測値 $Y_{t-1}, y_{t1}, \ldots, y_{t,i-1}$ によって完全に定まることを意味する．

このとき1期先予測の更新式は

$$
\begin{aligned}
a_{t,i+1} &= \mathrm{E}(\alpha_{t,i+1}|Y_{t-1}, y_{t1}, \ldots, y_{ti}) \\
&= \mathrm{E}(\alpha_{t,i+1}|Y_{t-1}, y_{t1}, \ldots, y_{t,i-1}) = a_{ti}
\end{aligned}
$$

となり，同様に $P_{t,i+1} = P_{ti}$ となる．このように，F_t が正則行列でないような多変量モデルでも，単変量化することで容易に扱えるようになる．

次に状態平滑化については，時点 t ごとに補助変数として $r_{t0}, r_{t1}, \ldots, r_{t,p_t}$ と $N_{t0}, N_{t1}, \ldots, N_{t,p_t}$ を用意し，$i = p_t, \ldots, 1$, $t = n, \ldots, 1$ に対して後ろ向き漸化式を

$$
\begin{aligned}
r_{t,i-1} &= Z'_{ti}F_{ti}^{-1}v_{ti} + L'_{ti}r_{ti}, \quad & N_{t,i-1} &= Z'_{ti}F_{ti}^{-1}Z_{ti} + L'_{ti}N_{ti}L_{ti}, \\
r_{t-1,p_t} &= T'_t r_{t0}, & N_{t-1,p_t} &= T'_t N_{t0} T_t
\end{aligned}
\tag{3.24}
$$

と定める．ただし $L_{ti} = I_m - K_{ti}Z_{ti}$ であり，また初期値を $r_{np_n} = 0$, $N_{np_n} = 0$ と定める．そして，漸化式 (3.24) から得られた r_{ti}, N_{ti} に基づいて，元の状態平滑化漸化式 (3.10) における r_t, N_t を

$$
r_t = r_{t0}, \ N_t = N_{t0} \tag{3.25}
$$

として得ることができる．

3.2.4 散漫初期化と散漫なカルマンフィルタ

ここでは一般の線形ガウス状態空間モデルにおける初期状態分布の設定と，初期状態分散を無限とする散漫初期化に対する初期のカルマンフィルタおよび平滑化の扱いについて解説する．

初期状態分布の設定

まず初期状態分布の設定について議論する．初期時点 $t = 1$ の状態が従うべき分布としては，状態が初期時点のはるか以前 $t = 0, -1, -2, \ldots$ からずっと推移し続けてきたものと仮定すれば，無限に時間経過した状態の従う定常分布を採用するのが自然である．ただし，状態方程式から定まる状態のモデルが定常であれば定常分布が存在するが，非定常であるときは

定常分布が存在せず，2.3.1 項で見たように初期状態分散 P_1 を発散するものとして扱うことになる．

一般に，多次元の状態ベクトルには，定常な成分と非定常な成分が混在しうる．そのため，初期状態を次のように散漫な初期分布を与える散漫な成分 $\alpha_{\infty,1}$ と他の成分 $\alpha_{*,1}$ との和に分解することを考える．

$$\alpha_1 = \alpha_{\infty,1} + \alpha_{*,1}$$

このように分離された成分 $\alpha_{\infty,1}$ と $\alpha_{*,1}$ に対して，初期状態分布の平均と分散をそれぞれ定義することを考える．まず初期状態の平均 a_1 について，散漫な成分に関してはどのような平均をおいても分散が発散すれば分布が一様化するため，そうでない成分の平均 $a_{*,1} = \mathrm{E}(\alpha_{*,1})$ のみを用いて

$$a_1 = a_{*,1}$$

と表す．一方，初期状態の分散 P_1 については，散漫な成分の分散を $\kappa P_{\infty,1} = \mathrm{Var}(\alpha_{\infty,1})$，そうでない成分の分散を $P_{*,1} = \mathrm{Var}(\alpha_{*,1})$ とおいて

$$P_1 = \kappa P_{\infty,1} + P_{*,1} \tag{3.26}$$

と分解する．ここで，散漫な成分の分散は後に $\kappa \to \infty$ とすることで発散させるものであり，行列 $P_{\infty,1}$ は通常，対角成分のうち非定常成分についてのみ 1 をとり，他は 0 をとる対角行列として定義される．また定常な成分の平均と分散は，上に述べたように無限の時間を推移させた定常成分が従う定常分布により設定されることとなる．なお，実際の解析で用いられる線形ガウス状態空間モデルの具体例に対する上記の初期状態分布のとり方については，3.3 節の中で紹介していく．

以上のように，初期状態が散漫な成分を含むときに，散漫な成分に与える初期分散 $\kappa P_{\infty,1}$ を $\kappa \to \infty$ により発散させることを散漫初期化と呼ぶ．

散漫なカルマンフィルタ

ここでは，簡単のために y_t が単変量時系列とした上で，散漫初期化に対する初期のカルマンフィルタの扱いを解説する．y_t が多変量時系列である場合も 3.2.3 項の方法により単変量時系列に帰着して同様に扱うことができる．また以降では，$\kappa^j f(\kappa)$ の極限が $\kappa \to \infty$ で有限であるとき，κ の関数 $f(\kappa)$ を示す記号として $O(\kappa^{-j})$ を使う．

初期状態分散 P_1 の分解式 (3.26) と同様に，$t = 2, \ldots, n$ について P_t は κ に依存しない $m \times m$ 行列 $P_{\infty,t}$ と $P_{*,t}$ を用いて次のように分解される．

$$P_t = \kappa P_{\infty,t} + P_{*,t} + O(\kappa^{-1}). \tag{3.27}$$

ここで十分に大きい n の下，$t > d$ のとき $P_{\infty,t} = O$（ゼロ行列），$t \leq d$ のとき $P_{\infty,t} \neq O$ となるような時点 d が必ず存在し，$P_{\infty,t} = 0$ となる時点 $t = d+1, \ldots, n$ では $P_t = P_{*,t}$ として通常のカルマンフィルタ (3.5) が適用できる．よって，ここからは $P_{\infty,t} \neq 0$ となる散漫な初期時点 $t = 1, \ldots, d$ における散漫なカルマンフィルタを導出する．

まず，1 期先予測誤差分散 $F_t = Z_t P_t Z_t' + H_t$ について式 (3.27) を代入することで

$$F_t = \kappa F_{\infty,t} + F_{*,t} + O(\kappa^{-1}) \tag{3.28}$$

と同様に分解される．ここで

$$F_{\infty,t} = Z_t P_{\infty,t} Z_t', \quad F_{*,t} = Z_t P_{*,t} Z_t' + H_t \tag{3.29}$$

とおいた．すると，F_t の逆数 F_t^{-1} について，$F_{\infty,t} > 0$ のとき

$$F_t^{-1} = \kappa^{-1} F_{\infty,t}^{-1} + \kappa^{-2} F_{\infty,t}^{-2} F_{*,t} + O(\kappa^{-3}) \tag{3.30}$$

と表される．式 (3.30) は，$F_t^{-1} = \kappa^{-1} F_t^{(1)} + \kappa^{-2} F_t^{(2)} + O(\kappa^{-3})$ とおいたときに，等式 $F_t F_t^{-1} = 1$ から導かれる次の恒等式を $F_t^{(1)}, F_t^{(2)}$ について解くことで得られる．

$$1 = F_tF_t^{-1} = (\kappa F_{\infty,t} + F_{*,t} + O(\kappa^{-1}))(\kappa^{-1}F_t^{(1)} + \kappa^{-2}F_t^{(2)} + O(\kappa^{-3}))$$
$$= F_{\infty,t}F_t^{(1)} + \kappa^{-1}(F_{*,t}F_t^{(1)} + F_{\infty,t}F_t^{(2)}) + O(\kappa^{-2}).$$

また $F_{\infty,t} = 0$ かつ $F_{*,t} > 0$ のとき，$F_t = F_{*,t} + O(\kappa^{-1})$ となることから逆数 F_t^{-1} は

$$F_t^{-1} = F_{*,t}^{-1} + O(\kappa^{-1}) \tag{3.31}$$

と表される．一方で $F_{\infty,t} = F_{*,t} = 0$ のときは，時点 t で欠測したものとして 3.2.2 項の欠測期間におけるカルマンフィルタ (3.14) が適用できる．よって以降では，$F_{\infty,t} > 0$ の場合と，$F_{\infty,t} = 0$ かつ $F_{*,t} > 0$ の場合に分けてカルマンフィルタを導出する．

まず $F_{\infty,t} > 0$ のとき，P_t および F_t^{-1} を含むカルマンゲイン $K_t = P_tZ_t'F_t^{-1}$ および $L_t = I_m - K_tZ_t$ について，κ^{-1} のべき級数により

$$K_t = K_{\infty,t} + \kappa^{-1}K_{*,t} + O(\kappa^{-2}), \quad L_t = L_{\infty,t} + \kappa^{-1}L_{*,t} + O(\kappa^{-2}) \tag{3.32}$$

と表され，式 (3.27)，(3.30) を代入して展開することにより

$$\begin{aligned} &K_{\infty,t} = P_{\infty,t}Z_t'F_{\infty,t}^{-1}, \quad K_{*,t} = (P_{*,t}Z_t' + K_{\infty,t}F_{*,t})F_{\infty,t}^{-1}, \\ &L_{\infty,t} = I_m - K_{\infty,t}Z_t, \ \ L_{*,t} = -K_{*,t}Z_t \end{aligned} \tag{3.33}$$

が得られる．したがって，式 (3.32)，(3.33) を代入することにより，カルマンフィルタ (3.5) の $a_{t|t}, a_{t+1}, P_{t|t}, P_{t+1}$ の漸化式は

$$\begin{aligned} a_{t|t} &= a_t + K_tv_t = a_t + K_{\infty,t}v_t + O(\kappa^{-1}), \\ a_{t+1} &= T_ta_{t|t} = T_ta_t + T_tK_{\infty,t}v_t + O(\kappa^{-1}), \\ P_{t|t} &= P_tL_t' = \kappa P_{\infty,t}L_{\infty,t}' + P_{*,t}L_{\infty,t}' + P_{\infty,t}L_{*,t}' + O(\kappa^{-1}), \\ P_{t+1} &= T_tP_{t|t}T_t' + R_tQ_tR_t' \\ &= T_t(\kappa P_{\infty,t}L_{\infty,t}' + P_{*,t}L_{\infty,t}' + P_{\infty,t}L_{*,t}')T_t' + R_tQ_tR_t' + O(\kappa^{-1}) \end{aligned} \tag{3.34}$$

となる．ここで式 (3.34) の $O(\kappa^{-1})$ は $\kappa \to \infty$ により消える項である．特

に，最後の式から P_t の分解 (3.27) に関する漸化式

$$\begin{aligned} P_{\infty,t+1} &= T_t P_{\infty,t} L'_{\infty,t} T'_t, \\ P_{*,t+1} &= T_t (P_{*,t} L'_{\infty,t} + P_{\infty,t} L'_{*,t}) T'_t + R_t Q_t R'_t \end{aligned} \tag{3.35}$$

が得られる．

次に，$F_{\infty,t} = 0$ かつ $F_{*,t} > 0$ のときを考える．ただし，$P_{\infty,t} = O$ のときは通常のカルマンフィルタが適用できるので，$P_{\infty,t} \neq O$ であるが $P_{\infty,t} Z'_t = O$ すなわち $F_{\infty,t} = Z_t P_{\infty,t} Z'_t = 0$ となる場合のカルマンフィルタを導出する．式 (3.31) で表される F_t^{-1} を用いて K_t, L_t は

$$\begin{aligned} K_t &= P_t Z'_t F_t^{-1} = (\kappa P_{\infty,t} Z'_t + P_{*,t} Z'_t + O(\kappa^{-1}))(F_{*,t}^{-1} + O(\kappa^{-1})) \\ &= P_{*,t} Z'_t F_{*,t}^{-1} + O(\kappa^{-1}), \\ L_t &= I_m - K_t Z_t = I_m - P_{*,t} Z'_t F_{*,t}^{-1} Z_t + O(\kappa^{-1}) \end{aligned}$$

と表されるため，$a_{t|t}, a_{t+1}, P_{t|t}, P_{t+1}$ の漸化式は

$$\begin{aligned} a_{t|t} &= a_t + K_t v_t = a_t + (P_{*,t} Z'_t F_{*,t}^{-1}) v_t + O(\kappa^{-1}), \\ a_{t+1} &= T_t a_{t|t} = T_t a_t + T_t (P_{*,t} Z'_t F_{*,t}^{-1}) v_t + O(\kappa^{-1}), \\ P_{t|t} &= P_t L'_t = \kappa (P_{\infty,t} - P_{\infty,t} Z'_t K'_t) + P_{*,t} L'_t + O(\kappa^{-1}) \\ &= \kappa P_{\infty,t} + P_{*,t} L'_t + O(\kappa^{-1}), \\ P_{t+1} &= T_t P_{t|t} T'_t + R_t Q_t R'_t \\ &= \kappa T_t P_{\infty,t} T'_t + T_t P_{*,t} L'_t T'_t + R_t Q_t R'_t + O(\kappa^{-1}) \end{aligned} \tag{3.36}$$

となる．特に，最後の式より $P_{\infty,t}, P_{*,t}$ に関する漸化式

$$\begin{aligned} P_{\infty,t+1} &= T_t P_{\infty,t} T'_t, \\ P_{*,t+1} &= T_t P_{*,t} L'_t T'_t + R_t Q_t R'_t \end{aligned} \tag{3.37}$$

が得られる．

以上の $F_{\infty,t}, F_{*,t}$ の値により場合分けされた一連の漸化式 (3.29), (3.33), (3.34), (3.35), (3.36), (3.37) をまとめたものが散漫なカルマンフィルタとなる．なお，散漫な初期時点 $t = 1, \ldots, d$ における散漫なカル

マンフィルタから，その後の時点 $t = d+1, \ldots, n$ における通常のカルマンフィルタへの移行は，$P_{\infty,d+1} = O$ となる時点 $t = d+1$ において $P_{d+1} = P_{*,d+1}$ とおくことで接続される．

散漫な状態平滑化

散漫初期化の初期時点では，通常のカルマンフィルタ (3.5) だけでなく通常の状態平滑化 (3.10) も適用することができず，発散する初期状態分散の下での**散漫な状態平滑化**を導出する必要がある．先ほどと同じく $t > d$ のとき $P_{\infty,t} = O$，$t \leq d$ のとき $P_{\infty,t} \neq O$ となるよう時点 $d < n$ を定義すると，$t = n, \ldots, d+1$ では通常の状態平滑化漸化式 (3.10) が適用できるため，$P_{\infty,t} \neq 0$ となる散漫な初期時点 $t = d, \ldots, 1$ における状態平滑化を考える．

散漫な初期時点 $t = d, \ldots, 1$ において，散漫なカルマンフィルタに現れた F_t^{-1}, v_t, L_t は $\kappa \to \infty$ で有限であることから漸化式 (3.9) から求まる r_t, N_t も $\kappa \to \infty$ で有限となることが帰納的に示せる．そこで，r_t, N_t について κ^{-1} のべき乗により

$$
\begin{aligned}
r_t &= r_t^{(0)} + \kappa^{-1} r_t^{(1)} + O(\kappa^{-2}), \\
N_t &= N_t^{(0)} + \kappa^{-1} N_t^{(1)} + \kappa^{-2} N_t^{(2)} + O(\kappa^{-3})
\end{aligned}
\tag{3.38}
$$

と展開しておく．

次に，$\mathrm{Var}(\alpha_n|y) = P_{\infty,n|n}$ は $n > d$ をみたす限り $\kappa \to \infty$ で有限であり，また $t = 1, \ldots, n$ について $\mathrm{Var}(\eta_t) = Q_t$ は有限であるため $\mathrm{Var}(\eta_t|y)$ も有限となる．ゆえに，α_n と $\eta_{n-1}, \ldots, \eta_t$ の線形結合で表される α_t についても，平滑化状態 $\hat{\alpha}_t = \mathrm{E}(\alpha_t|y)$ および平滑化状態分散 $V_t = \mathrm{Var}(\alpha_t|y)$ は有限となる．したがって，$\hat{\alpha}_t, V_t$ を κ に関して展開したときに $\kappa \to \infty$ で発散する $\kappa^j, j = 1, 2, \ldots$ の項は残らないこととなるので，式 (3.11) に分解式 (3.27) および (3.38) を代入して κ に関して整理すれば

$$
\begin{aligned}
\hat{\alpha}_t &= a_t + (\kappa P_{\infty,t} + P_{*,t} + O(\kappa^{-1}))(r_{t-1}^{(0)} + \kappa^{-1} r_{t-1}^{(1)} + O(\kappa^{-2})) \\
&= a_t + P_{\infty,t} r_{t-1}^{(0)} + P_{*,t} r_{t-1}^{(1)} + O(\kappa^{-1}), \\
V_t &= \kappa P_{\infty,t} + P_{*,t} + O(\kappa^{-1}) + (\kappa P_{\infty,t} + P_{*,t} + O(\kappa^{-1})) \qquad (3.39) \\
&\quad \times (N_t^{(0)} + \kappa^{-1} N_t^{(1)} + \kappa^{-2} N_t^{(2)} + O(\kappa^{-3}))(\kappa P_{\infty,t} + P_{*,t} + O(\kappa^{-1})) \\
&= P_{*,t} - P_{*,t} N_{t-1}^{(0)} P_{*,t} - P_{\infty,t} N_{t-1}^{(1)} P_{*,t} - (P_{\infty,t} N_{t-1}^{(1)} P_{*,t})' \\
&\quad - P_{*,t} N_{t-1}^{(2)} P_{*,t} + O(\kappa^{-1})
\end{aligned}
$$

により平滑化状態 $\hat{\alpha}_t$ および平滑化状態分散 V_t が得られる．したがって，あとは $t = d, \ldots, 1$ において，式 (3.39) に現れる $r_t^{(0)}, r_t^{(1)}, N_t^{(0)}, N_t^{(1)}, N_t^{(2)}$ に対する五つの後ろ向き漸化式を導出すれば，式 (3.38)，(3.39) と合わせて散漫な状態平滑化漸化式となり，それらは先ほど示した $P_{\infty,t}, P_{*,t}$ の漸化式 (3.35)，(3.37) のように r_t, N_t の漸化式 (3.9) に式 (3.38)，(3.30)，(3.29)，(3.32) を代入して展開することで得ることができる．そうして得られる $r_t^{(0)}, r_t^{(1)}, N_t^{(0)}, N_t^{(1)}, N_t^{(2)}$ の漸化式はやや長い式となるが，論文 [18] では $N_t^{(0)}$ が $P_{\infty,t} L'_{\infty,t} N_t^{(0)} = O$ をみたすことを利用して，$N_t^{(1)}$，$N_t^{(2)}$ に関するより簡潔な漸化式を導出している．

以下では，論文 [18] で示された漸化式について，やや煩雑な導出過程を省略し，結果のみを紹介する．散漫なカルマンフィルタと同様に，漸化式は $F_{\infty,t} > 0$ の場合と $F_{\infty,t} = 0$ かつ $F_{*,t} > 0$ の場合とに分けられ，$F_{\infty,t} = F_{*,t} = 0$ のときは欠測期間における状態平滑化漸化式 (3.15) が適用される．時点 $t = d+1, \ldots, 2$ において，$r_t^{(0)}, r_t^{(1)}, N_t^{(0)}, N_t^{(1)}, N_t^{(2)}$ に対する漸化式は $F_{\infty,t} > 0$ のとき

$$
\begin{aligned}
r_{t-1}^{(0)} &= L_{\infty,t}' T_t' r_t^{(0)}, \\
r_{t-1}^{(1)} &= Z_t' F_{\infty,t}^{-1} v_t + L_{\infty,t}' T_t' r_t^{(1)} + L_{*,t}' T_t' r_t^{(0)}, \\
N_{t-1}^{(0)} &= L_{\infty,t}' T_t' N_t^{(0)} T_t L_{\infty,t}, \\
N_{t-1}^{(1)} &= Z_t' F_{\infty,t}^{-1} Z_t + L_{\infty,t}' T_t' N_t^{(1)} T_t L_{\infty,t} + L_{*,t}' T_t' N_t^{(0)} T_t L_{\infty,t}, \\
N_{t-1}^{(2)} &= Z_t' F_{\infty,t}^{-1} F_{*,t} F_{\infty,t}^{-1} Z_t + L_{\infty,t}' T_t' N_t^{(2)} T_t L_{\infty,t} + L_{\infty,t}' T_t' N_t^{(1)} T_t L_{*,t} \\
&\quad + L_{*,t}' T_t' N_t^{(1)} T_t L_{\infty,t} + L_{*,t}' T_t' N_t^{(0)} T_t L_{*,t}
\end{aligned}
\tag{3.40}
$$

となり，$F_{\infty,t} = 0$ かつ $F_{*,t} > 0$ のとき

$$
\begin{aligned}
r_{t-1}^{(0)} &= Z_t' F_{*,t}^{-1} v_t + L_{*,t}' T_t' r_t^{(0)}, \\
r_{t-1}^{(1)} &= T_t' r_t^{(1)}, \\
N_{t-1}^{(0)} &= Z_t' F_{*,t}^{-1} Z_t + L_{*,t}' T_t' N_t^{(0)} T_t L_{*,t}, \\
N_{t-1}^{(1)} &= T_t' N_t^{(1)} T_t L_{*,t}, \\
N_{t-1}^{(2)} &= T_t' N_t^{(2)} T_t
\end{aligned}
\tag{3.41}
$$

となる．ただし，$t = n, \ldots, d+2$ における通常の状態平滑化から $t = d+1, \ldots, 2$ における散漫な状態平滑化へ接続する際には，$r_{d+1}^{(0)} = r_{d+1}, r_{d+1}^{(1)} = 0, N_{d+1}^{(0)} = N_{d+1}, N_{d+1}^{(1)} = N_{d+1}^{(2)} = O$ とおく．

なお，3.2.3 項のように多変量時系列を単変量化した場合の散漫なカルマンフィルタおよび状態平滑化の漸化式は論文 [12] で見ることができる．

3.2.5 対数尤度と散漫対数尤度

撹乱項分散などの未知パラメータがある場合，2.3.2 項と同様に最尤法によりパラメータを推定することとなる．ここでは，線形ガウス状態空間モデルにおける対数尤度と散漫対数尤度を定義する．

初期分布すなわち初期状態ベクトルの周辺分布 $\alpha_1 \sim N(a_1, P_1)$ について，P_1 が有限で a_1, P_1 ともに既知である場合の尤度は

$$L = p(y_1, \ldots, y_n) = \prod_{t=1}^{n} p(y_t|Y_{t-1})$$

で与えられ，その対数をとることで対数尤度が

$$\log L = \sum_{t=1}^{n} \log p(y_t|Y_{t-1}) \tag{3.42}$$

のように得られる．ただし，便宜的に $p(y_1|Y_0) = p(y_1)$ とおいている．ここで，線形ガウス状態空間モデル (3.1) において $p(y_t|Y_{t-1})$ は平均 $\mathrm{E}(y_t|Y_{t-1}) = Z_t a_t$，分散 $\mathrm{Var}(y_t|Y_{t-1}) = F_t$ に従う正規分布の密度関数となるため，1 期先予測誤差 $v_t = y_t - Z_t a_t$ と 1 期先予測誤差分散行列 F_t を用いて式 (3.42) は

$$\log L = -\frac{np}{2} \log 2\pi - \frac{1}{2} \sum_{t=1}^{n} \left(\log |F_t| + v_t' F_t^{-1} v_t \right) \tag{3.43}$$

と表すことができる．ただし，p は観測値ベクトル $y_1, \ldots, y_n$ の次元であり，時点ごとに次元 p_t が異なる場合は np の代わりに $\sum_{t=1}^{n} p_t$ とする．式 (3.42) の対数尤度関数は v_t と F_t のみで構成されているため，カルマンフィルタ (3.5) の結果から直ちに計算することができる．

なお，誤差分散行列 F_t が正則でない場合には式 (3.42) による尤度が計算できないため，3.2.3 項のように多変量時系列を単変量化して尤度を算出する．単変量時系列 y_t に対して，F_t がゼロとなるとき観測値 y_t は確率 1 で定数 a_t をとり，その時点 t における尤度は 1，すなわち対数尤度はゼロとなる．そのため，単変量時系列 y_t に対する対数尤度は次式で与えられる．

$$\log L = -\frac{1}{2} \sum_{t=1}^{n} w_t. \tag{3.44}$$

ただし

$$w_t = \begin{cases} \log 2\pi + \log F_t + v_t^2 F_t^{-1}, & F_t > 0 \text{ のとき}, \\ 0, & F_t = 0 \text{ のとき} \end{cases} \tag{3.45}$$

である．単変量時系列が欠測を含む場合にも，欠測時点において $F_t = 0$ として式を当てはめればよい．

続いて，3.2.4 項で扱った散漫初期化，すなわち初期状態分散行列 P_1 の一部が有限でなく $P_1 = \kappa P_{\infty,1} + P_{*,1}$ と表され，$\kappa \to \infty$ により発散する場合における散漫対数尤度を定義する．3.2.4 項と同じく，簡単のために y_t を単変量時系列として扱う．散漫な初期時点 $t = 1, \ldots, d$ では，式 (3.28) にて $F_{\infty,t} > 0$ となるとき F_t は $\kappa \to \infty$ で発散するため，通常の対数尤度 (3.43) も発散してしまうことになる．そこで，2.3.2 項の散漫対数尤度 (2.27) のように，$F_{\infty,t} > 0$ となる時点における式 (3.45) の w_t に $-\log\kappa$ という修正項を加えることで，$\kappa \to \infty$ のとき

$$\begin{aligned} \lim_{\kappa\to\infty} (w_t - \log\kappa) &= \lim_{\kappa\to\infty} (\log 2\pi + \log F_t + v_t^2 F_t^{-1} - \log\kappa) \\ &= \lim_{\kappa\to\infty} \{\log 2\pi + \log[\kappa F_{\infty,t} + F_{*,t} + O(\kappa^{-1})] - \log\kappa + v_t^2 O(\kappa^{-1})\} \\ &= \log 2\pi + \lim_{\kappa\to\infty} \{\log[F_{\infty,t} + \kappa^{-1} F_{*,t} + O(\kappa^{-2})] + O(\kappa^{-1})\} \\ &= \log 2\pi + \log F_{\infty,t} \end{aligned} \tag{3.46}$$

となる．ここで式 (3.30) より $F_{\infty,t} > 0$ のとき $F_t^{-1} = O(\kappa^{-1})$ となることを用いた．したがって，散漫対数尤度を

$$\log L_d = -\frac{1}{2} \sum_{t=1}^{n} w_t. \tag{3.47}$$

ただし

$$w_t = \begin{cases} \log 2\pi + \log F_{\infty,t}, & F_{\infty,t} > 0 \text{ のとき}, \\ \log 2\pi + \log F_t + v_t^2 F_t^{-1}, & F_{\infty,t} = 0 \text{ かつ } F_t > 0 \text{ のとき}, \\ 0, & F_t = 0 \text{ のとき} \end{cases} \tag{3.48}$$

と定義する．ただし，散漫な初期時点で $F_{\infty,t} = 0$ のとき，式 (3.31) より

$F_t = F_{*,t}$ として考える．このとき，式 (3.46) で加えた修正項 $-\log\kappa$ は未知パラメータに依存しないことから，散漫対数尤度の最大化によって未知パラメータを最尤推定することができる．

なお，R パッケージ `KFAS` に実装されている散漫対数尤度の算式が論文 [12] に与えられているが，そこでは式 (3.48) の w_t について $F_{\infty,t} > 0$ のとき $w_t = \log F_{\infty,t}$ として算出しており，$\log 2\pi$ の項が省略されている．省略された項は定数であるため最尤推定に用いる際には影響しないが，次に解説するモデル選択においては異なるモデル同士の対数尤度が比較されるため，`KFAS` が算出する散漫対数尤度に差異の修正を施す必要があることに注意する．

3.2.6　モデル選択

モデルの構造が決まっている下では未知パラメータを最尤推定することによりモデルが完全に特定されるが，構造が異なる複数のモデル候補がある場合には，その中から最も良いものを選ぶ**モデル選択**（model selection）が必要となる．ここでは，最大化された対数尤度を用いてモデルの良さを比較する赤池情報量規準（AIC: Akaike Information Criteria）を紹介する．未知パラメータをまとめて r 次元ベクトル ψ として表し，未知パラメータの値に依存するモデルの対数尤度関数を $L(\psi)$ と表す．そして対数尤度関数を最大化する未知パラメータの最尤推定量を $\hat{\psi}$ とおくとき，モデルの AIC は次式で定義される．

$$\mathrm{AIC} = [-2\log L(\hat{\psi}) + 2r]/n. \tag{3.49}$$

一般には AIC について上式のようにデータ数 n で割る習慣はないが，時系列解析では観測時点数 n で割ることが多い．また，初期状態 α_1 のうち q 個の成分が散漫な初期状態である場合の AIC は，文献 [11] の 5.5.6 項によれば，散漫対数尤度 $\log L_d$ を用いて

$$\mathrm{AIC} = [-2\log L_d(\hat{\psi}) + 2(q+r)]/n \tag{3.50}$$

として与えられる．AIC はこのように最大対数尤度に対してパラメータ

の数だけペナルティを課したものとなっている．一般論として，パラメータを増やしてモデルを複雑にするほど，推定に用いたデータに対する当てはまりは良くなるが，複雑にし過ぎると，例えばホワイトノイズのような不規則変動の実現値にも無理に適合されたモデルが推定され，将来の未観測データに対する予測精度が逆に悪くなることが起こりうる．パラメータの次元を小さく抑えたシンプルなモデルは，計算時間を短縮するメリット以外にも，このようなモデルの過適合（overfitting）を回避するという意味合いももっていることに注意しておこう．

3.2.7　残差診断

データにより適合したモデルを構築するために，モデルの残差を調べることは有用である．ここでいう残差とは，主にモデルをフィットして得られる推定値と実際の観測値との誤差のことをいう．状態空間モデルにおける残差として考えられるのは，尤度にも使われている1期先予測誤差 v_t と，式 (3.12) で与えられる平滑化撹乱項 $\hat{\varepsilon}, \hat{\eta}$ の2種類がある．前者はフィルタリングの残差，後者は状態平滑化の残差と見ることができるが，いずれもモデルの診断および改善に大いに役に立つ．残差は一般的に，時点によって異なる分散や多変量の場合に成分間の相関をもつが，各時点の分散共分散行列が単位行列になるよう標準化した残差を用いることで残差診断をより容易にすることができる．

まず，1期先予測誤差 v_t については，1期先予測誤差分散 F_t の逆行列 F_t^{-1} をコレスキー分解 (1.10) などにより $F_t^{-1} = B_t' B_t$ と分解したものを用いて，標準化された予測誤差を

$$v_t^s = B_t v_t \tag{3.51}$$

と変換することで得ることができる．標準化された予測誤差 $v_1^s, \ldots, v_n^s$ は互いに独立に平均がゼロで分散が単位行列となる正規分布に従うが，それはあくまでモデルが正しい場合に限られる．したがって，標準化された予測誤差に対して，例えば正規性の検定や分散不均一性の検定，自己相関の検定を行うことにより，モデルの適切さを検討し，モデルの改善への方針

を得ることができる．

次に，平滑化撹乱項 $\hat{\varepsilon}, \hat{\eta}$ については，式 (3.12) で与えられる平滑化撹乱項分散の逆行列を先ほどの 1 期先予測誤差分散と同様に $[\mathrm{Var}(\varepsilon_t|y)]^{-1} = B_t^{\varepsilon\prime} B_t^{\varepsilon}$，$[\mathrm{Var}(\eta_t|y)]^{-1} = B_t^{\eta\prime} B_t^{\eta}$ と分解したものを用いて，標準化された平滑化撹乱項を

$$\hat{\varepsilon}_t^s = B_t^{\varepsilon} \hat{\varepsilon}_t, \quad \hat{\eta}_t^s = B_t^{\eta} \hat{\eta}_t \tag{3.52}$$

により得ることができる．これらは特に**補助残差**（auxilary residual）と呼ばれ，補助残差から絶対値の大きい外れ値を検出することで，外れ値の除去やモデルの改善などの措置を検討することができる．例えば，観測値にかかる補助残差 $\hat{\varepsilon}_t^s$ の外れ値は，当該時点の観測値 y_t がモデルで十分に説明できていないことを意味するため，ごく短期間のみの外れ値であれば対応する観測値を除外して解析するか，あるいはモデルを再検討することとなる．一方，状態推移にかかる補助残差 $\hat{\eta}_t^s$ に外れ値がある場合は，当該時点の状態遷移 $\alpha_{t+1} = T_t \alpha_t + R_t \eta_t$ において異常な変動があったことを意味するため，その時点の前後で状態のシフトあるいは構造変化が起きたと考えて，モデルの改善に利用することができる．このようにある時点を境に時系列の値または挙動が大きく変化する現象は時系列解析においてはしばしば現れ，その時点を特定する問題は**変化点問題**と呼ばれる時系列解析における主要な関心の一つになっている．状態空間モデルでは，干渉変数の導入によって変化点問題も通常のモデルの範疇で取り扱うことができることを，後の 3.3.4 項で紹介する．

3.3　線形ガウスモデルの設計と解析

本節では，実際の時系列を解析するために，線形ガウス状態空間モデル (3.1) の具体的な設計方法について解説する．また各モデルの紹介と同時に，主に第 1 章の図 1.1 に示した体重計測記録と小売業販売額の時系列を題材とした解析例を，R パッケージ `KFAS` による解析コード例とともに示していく．

状態空間モデルはとても広範で柔軟性の高いモデルであり，第2章のローカルレベルモデルのような単純なモデルから，柔軟な発想に基づき自由にモデルを拡張させていくことができる．しかしながら，過度に複雑化されたモデルは時系列の不規則要素にまで過適合してしまい，さらに結果の解釈をも困難にさせるため，基本的にモデルの設計はシンプルな方針に基づく方がよい．

本節では，**構造時系列モデル**（structual time seris model）と呼ばれる形のモデルを扱う．構造時系列モデルは，複数の異なる状態方程式に従う状態成分 $\alpha_t^{(1)}, \dots, \alpha_t^{(k)}$ を観測方程式にて足し合わせたモデルであり，各時点 $t = 1, \dots, n$ において次のようなモデル式をとる．

$$
\begin{aligned}
y_t &= Z_t^{(1)}\alpha_t^{(1)} + \cdots + Z_t^{(k)}\alpha_t^{(k)} + \varepsilon_t, & \varepsilon_t \sim N(0, H_t),\\
\alpha_{t+1}^{(1)} &= T_t^{(1)}\alpha_t^{(1)} + R_t^{(1)}\eta_t^{(1)}, \quad \alpha_1^{(1)} \sim N(a_1^{(1)}, P_1^{(1)}),\ \eta_t^{(1)} \sim N(0, Q_t^{(1)}),\\
&\ \vdots \\
\alpha_{t+1}^{(k)} &= T_t^{(k)}\alpha_t^{(k)} + R_t^{(k)}\eta_t^{(k)},\ \alpha_1^{(k)} \sim N(a_1^{(k)}, P_1^{(k)}), \quad \eta_t^{(k)} \sim N(0, Q_t^{(k)}).
\end{aligned}
\tag{3.53}
$$

各状態成分には以降で紹介するようにトレンドや季節変動，回帰変動を表すものがあり，これらを構造時系列モデル (3.53) により結合し，時系列の変動要因を各状態成分と不規則変動に分解することができる．構造時系列モデル (3.53) は一見すると線形ガウス状態空間モデル (3.1) の拡張形のように思えるが，各状態成分 $\alpha_t^{(1)}, \dots, \alpha_t^{(k)}$ が互いに独立であると仮定して状態と状態撹乱項を $\alpha_t = (\alpha_t^{(1)\prime} \cdots \alpha_t^{(k)\prime})'$，$\eta_t = (\eta_t^{(1)\prime} \cdots \eta_t^{(k)\prime})'$ とまとめることで，次式のように通常の線形ガウスモデル (3.1) と同じ形に表すことができる．

$$
y_t = (Z_t^{(1)} \ \cdots \ Z_t^{(k)})\alpha_t + \varepsilon_t, \quad \varepsilon_t \sim N(0, H_t),
$$

$$
\alpha_{t+1} = \begin{pmatrix} T_t^{(1)} & & O \\ & \ddots & \\ O & & T_t^{(k)} \end{pmatrix} \alpha_t + \begin{pmatrix} R_t^{(1)} & & O \\ & \ddots & \\ O & & R_t^{(k)} \end{pmatrix} \eta_t, \tag{3.54}
$$

$$
\eta_t \sim N\left(0, \begin{pmatrix} Q_t^{(1)} & & O \\ & \ddots & \\ O & & Q_t^{(k)} \end{pmatrix}\right), \alpha_1 \sim N\left(\begin{pmatrix} a_1^{(1)} \\ \vdots \\ a_1^{(k)} \end{pmatrix}, \begin{pmatrix} P_1^{(1)} & & O \\ & \ddots & \\ O & & P_1^{(k)} \end{pmatrix}\right).
$$

以降の 3.3.1 項から 3.3.4 項までは，簡単のため y_t を単変量の時系列とした上で，構造時系列モデルを構成する代表的な状態成分のモデルを紹介する．そのあと 3.3.5 項にて，そこから多変量時系列へと拡張する方法を解説する．

3.3.1　トレンド成分モデル

第 2 章で扱ったローカルレベルモデルは，水準の時間的挙動について純粋なランダムウォークを仮定しており，そのため将来の予測値は現時点のフィルタ化推定値を引き伸ばして一定とされてきた．しかし，現実問題において「予測」に期待されるのは，将来の変化を推測することであり，その意味ではローカルレベルモデルだけでは予測に十分に貢献できない．株価であれ何であれ，時系列の将来予測に際して必ず検討されるのがトレンドである．ただし，トレンドと一言で言っても，増減の傾きをそのまま伸ばしたものから，「傾きの変化」に関するトレンドなど，様々な性質のものがある．

例えば，ローカルレベルモデル (2.1)，(2.2)，(2.3) の「水準」を表す状態成分 μ_{1t}，$t = 1, \ldots, n$ に対して，水準の平均的な「傾き」を表す状態成分 μ_{2t}，$t = 1, \ldots, n$ とその状態方程式を加えた次のような線形ガウスモデルを考えることができる．

$$
\begin{aligned}
y_t &= \mu_{1t} + \varepsilon_t, & \varepsilon_t &\sim N(0, \sigma_\varepsilon^2), \\
\mu_{1,t+1} &= \mu_{1t} + \mu_{2t} + \eta_{1t}, & \eta_{1t} &\sim N(0, \sigma_{\eta,1}^2), \\
\mu_{2,t+1} &= \mu_{2t} + \eta_{2t}, & \eta_{2t} &\sim N(0, \sigma_{\eta,2}^2).
\end{aligned} \tag{3.55}
$$

このモデル式 (3.55) は，状態ベクトルを $\mu_t = (\mu_{1t}, \mu_{2t})'$，状態攪乱項ベクトルを $\eta_t = (\eta_{1t}, \eta_{2t})'$ として，線形ガウス状態空間モデル (3.1) における各係数行列を次のように定めたモデルと一致する．

$$
Z_t = (1\ 0), \quad T_t = \begin{pmatrix} 1\ 1 \\ 0\ 1 \end{pmatrix}, \quad R_t = I_2, \quad Q_t = \begin{pmatrix} \sigma_{\eta,1}^2 & 0 \\ 0 & \sigma_{\eta,2}^2 \end{pmatrix}. \tag{3.56}
$$

このモデルの挙動を理解するには，式 (3.55) の状態攪乱項分散 $\sigma_{\eta,1}^2$, $\sigma_{\eta,2}^2$ のいずれかまたは両方をゼロとおくことで，状態攪乱項 η_{1t} と η_{2t} をゼロに固定してみるとよい．まず η_{1t} と η_{2t} を両方ともゼロに固定したとき

$$
\begin{aligned}
\mu_{2t} &= \mu_{2,t-1} = \cdots = \mu_{21} = \mu_2, \\
\mu_{1t} &= \mu_{1,t-1} + \mu_2 = \cdots = \mu_{11} + \mu_2(t-1) = \mu_1 + \mu_2 t, \\
y_t &= \mu_{1t} + \varepsilon_t = \mu_1 + \mu_2 t + \varepsilon_t
\end{aligned}
$$

となり，y_t は時間 t に比例して増減する単純な線形回帰モデルに従う．ただし $\mu_2 = \mu_{21}$, $\mu_1 = \mu_{11} - \mu_2$ とおいた．

次に，η_{2t} のみをゼロに固定したとき，$\mu_{2t} = \mu_2, \mu_{1t}^* = \mu_{1t} - \mu_2 t$ とおくと $\mu_{1t}^* - \mu_{1,t-1}^* = \varepsilon_{1t}$ となることから

$$
\begin{aligned}
\mu_{1t}^* &= \mu_{1,t-1}^* + \eta_{1t}, \\
y_t &= \mu_{1t} + \varepsilon_t = \mu_{1t}^* + \mu_2 t + \varepsilon_t
\end{aligned}
$$

となり，時間比例の線形トレンド項 $\mu_2 t$ が加わったローカルレベルモデルと解釈される．

今度は，η_{1t} のみをゼロに固定すると，水準の時間発展 $\mu_{1,t+1} = \mu_{1t} + \mu_{2t}$ は少しずつ変化する傾き成分 μ_{2t} によってのみ変動するため，水準成分 μ_{1t} はローカルレベルモデルに比べて滑らかな時間変化をする．このと

き，水準成分の 1 階の階差と傾き成分が $\Delta\mu_{1,t+1} = \mu_{1,t+1} - \mu_{1t} = \mu_{2t}$ により一致するため，傾き成分に対する状態撹乱項 η_{2t} は

$$\eta_{2t} = \mu_{2,t+1} - \mu_{2t} = \Delta\mu_{2,t+1} = \Delta^2\mu_{1,t+2}$$

となり水準成分の 2 階の階差 $\Delta^2\mu_{1,t+2}$ を表すことがわかる．上記のように，状態方程式が r 階の階差を用いて $\Delta^r\mu_{1,t+r} = \eta_t$ の形に帰着される状態成分のモデルを r 次の**トレンド成分モデル**（trend component model）と呼ぶ．そして，r 次のトレンド成分モデルを状態方程式として，これに観測方程式 $y_t = \mu_{1t} + \varepsilon_t$ を加えた状態空間モデルを r 次の**トレンドモデル**（trend model）と呼ぶことにする．なお，$r = 1$ 次のトレンドモデルはローカルレベルモデルとなることがわかる．

最後に，状態撹乱項分散 $\sigma^2_{\eta,1}, \sigma^2_{\eta,2}$ がいずれもゼロでない場合は，傾きと水準の双方が撹乱を伴いつつ変化するモデルとなり，このような状態空間モデルは**ローカル線形トレンドモデル**（local linear trend model）と呼ばれる．しかし，後の例 3.1 で述べるように，実際の解析においては $\sigma^2_{\eta,1}, \sigma^2_{\eta,2}$ のいずれかが最尤推定においてゼロに推定されるケースが多い．

式 (3.55) のモデルでは水準成分の 1 階の階差の期待値が $\mathrm{E}(\Delta\mu_{1,t+1}) = \mu_{2t}$ となるが，さらに高次の階差では $\mathrm{E}(\Delta^r\mu_{1,t+r}) = 0,\ r = 2, 3, \ldots$ となる．高次の階差におけるトレンドも考慮したい場合には，式 (3.55) を以下のように拡張すればよい．

$$\begin{aligned}
y_t &= \mu_{1t} + \varepsilon_t, & \varepsilon_t &\sim N(0, \sigma^2_\varepsilon), \\
\mu_{1,t+1} &= \mu_{1t} + \mu_{2t} + \eta_{1t}, & \eta_{1t} &\sim N(0, \sigma^2_{\eta,1}), \\
&\vdots \\
\mu_{r-1,t+1} &= \mu_{r-1,t} + \mu_{rt} + \eta_{r-1,t}, & \eta_{r-1,t} &\sim N(0, \sigma^2_{\eta,r-1}), \\
\mu_{r,t+1} &= \mu_{rt} + \eta_{rt}, & \eta_{rt} &\sim N(0, \sigma^2_{\eta,r}).
\end{aligned} \tag{3.57}$$

このモデルは，状態空間モデル (3.1) の枠組みにおいて状態を $\mu_t = (\mu_{1t} \cdots \mu_{rt})'$ として

$$Z_t = (1\ 0\ \cdots\ 0),\ T_t = \begin{pmatrix} 1 & 1 & & 0 \\ 0 & 1 & \ddots & \\ & \ddots & \ddots & 1 \\ 0 & & 0 & 1 \end{pmatrix},\ R_t = I_r,\ Q_t = \begin{pmatrix} \sigma_{\eta,1}^2 & & 0 \\ & \ddots & \\ 0 & & \sigma_{\eta,r}^2 \end{pmatrix} \tag{3.58}$$

とおくことで，式 (3.56) のモデルの一般化として表現することができる．なお，式 (3.57) あるいは (3.58) において，r 次のトレンドの撹乱項分散 $\sigma_{\eta,r}^2$ 以外を $\sigma_{\eta,1}^2 = \cdots = \sigma_{\eta,r-1}^2 = 0$ のようにゼロとおくと，前述した r 次のトレンドモデルになる．

最後に，初期状態 $\mu_1 = (\mu_{11}\ \cdots\ \mu_{r1})'$ の分布 $N(a_1, P_1 = \kappa P_{\infty,1} + P_{*,1})$ について，状態のどの成分も時間とともに分散が増大して発散することが明らかであるため，特に事前情報がない限り $a_1 = 0, P_{\infty,1} = I_r, P_{*,1} = O$ と設定すべきであろう．

例 3.1 トレンドのあるモデルの比較

前章の体重計測記録データについて，ローカルレベルモデルと2次のトレンドモデル，そしてローカル線形トレンドモデルをそれぞれ当てはめて解析し，解析結果を比較する．

まず，R パッケージ `KFAS` を用いた各モデルの解析と描画のコード例を以下に示す．2.5 節でも用いた関数 `SSMtrend` は最初の引数でトレンドの次数を指定し，次数 r が2以上のとき状態撹乱項分散行列 Q にはその対角成分 $\sigma_{\eta,1}, \ldots, \sigma_{\eta,r}$ をリスト形式で渡す必要がある．次に，未知パラメータを最尤推定する関数 `fitSSM` には推定すべきパラメータ数と同じ次元の初期値ベクトルを与える必要がある．最後にカルマンフィルタと平滑化を施す関数 `KFS` の返り値には，状態 α_t の1期先予測 a_t や平滑化状態 $\hat{\alpha}_t$ が格納されているが，列名に`"level"`，`"slope"`を指定することでその水準成分または傾き成分のみを抽出することができる．

```
# ローカルレベルモデル
modLocallevel <- SSModel(Weight ~ SSMtrend(1, Q = NA), H = NA)
```

```
fitLocallevel <- fitSSM(modLocallevel, numeric(2), method = "BFGS")
kfsLocallevel <- KFS(fitLocallevel$model)
# 2 次のトレンドモデル
modTrend <- SSModel(Weight ~ SSMtrend(2, Q = c(list(0),list(NA))), H = NA)
fitTrend <- fitSSM(modTrend, numeric(2), method = "BFGS")
kfsTrend <- KFS(fitTrend$model)
# ローカル線形トレンドモデル
modLocaltrend <- SSModel(Weight ~ SSMtrend(2, Q = c(list(NA),list(NA))),
  H = NA)
fitLocaltrend <- fitSSM(modLocaltrend, numeric(3), method = "BFGS")
kfsLocaltrend <- KFS(fitLocaltrend$model)
# 水準成分と傾き成分の平滑化状態の描画
plot(Weight, lty = 3, type = "o", ylab = "水準成分")
lines(kfsLocallevel$alphahat[,"level"], lwd = 2, col = 8)
lines(kfsTrend$alphahat[,"level"], lwd = 2)
lines(kfsLocaltrend$alphahat[,"level"], lwd = 2, lty = 2)
plot(kfsTrend$alphahat[,"slope"], lwd = 2, ylab="傾き成分")
lines(kfsLocaltrend$alphahat[,"slope"], lwd = 2, lty = 2)
```

上記のコードにより描画される平滑化された水準成分と傾き成分の推移を図 3.1 に示した．(a) の灰色線はローカルレベルモデル，黒破線はローカル線形トレンドモデルの平滑化水準成分を示しているが，両者はほとんど重なっている．一方，黒実線で示された 2 次のトレンドモデルの水準成分は，体重のおおまかな傾向のみを捉えて滑らかな推移をしている．(b) では，傾き成分をもつローカル線形トレンドモデルと 2 次のトレンドモデルについてその平滑化状態を示している．黒破線のローカル線形トレンドモデルは傾き成分がずっと一定となっており，これは傾き成分の状態撹乱項分散 $\sigma^2_{\eta,2}$ がゼロに推定され，前述のように時間比例の線形トレンド項 $\mu_2 t$ が加わったローカルレベルモデルとなったことを意味する．一方，2 次のトレンドモデルは，傾き成分が時点ごとに変動し，$t = 40$ あたりから傾きが負から正へと変わっていることがわかる．

次に，モデルの当てはまりの良さを比較するために，各モデルの最大対数尤度，AIC，1 期先予測の平均二乗誤差を以下の R コードにより算出する．関数 `KFS` の返り値には対数尤度 `logLik` が含まれているが，3.2.5 項で述べたようにパッケージ `KFAS` の算出する散漫対数尤度は $F_{\infty,t} > 0$ となる時点数に $\frac{1}{2}\log 2\pi$ を掛けた分だけ過大となっているため，以下の

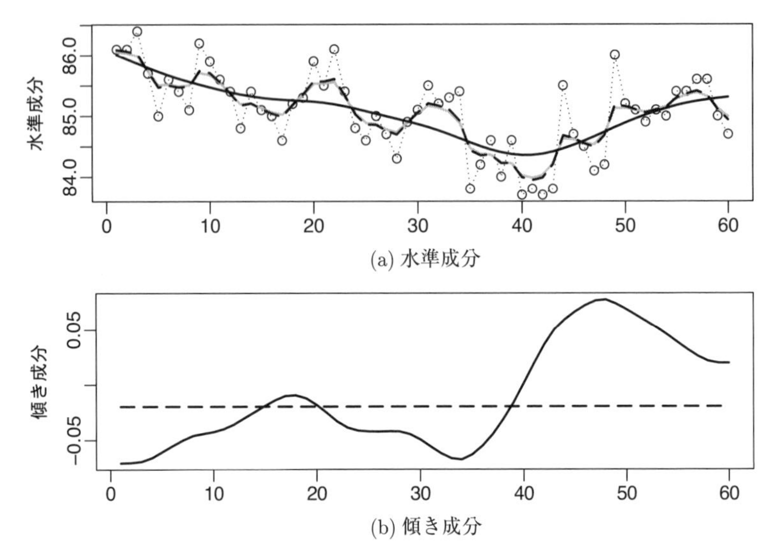

(a) 水準成分

(b) 傾き成分

図 3.1 平滑化状態における水準成分と傾き成分の推移

コードでは散漫対数尤度を修正した上でAICの算出に用いている．また，平均二乗誤差は1期先予測誤差 v_t に基づいているが，誤差が非常に大きくなる散漫な初期時点を除いた時点 $t = 3, \ldots, 60$ について平均をとっている．

```
# 最大対数尤度
likLocallevel <- kfsLocallevel$logLik - sum(kfsLocallevel$Finf>0) *
  log(2*pi)/2
likTrend      <- kfsTrend$logLik      - sum(kfsTrend$Finf>0)      *
  log(2*pi)/2
likLocaltrend <- kfsLocaltrend$logLik - sum(kfsLocaltrend$Finf>0) *
  log(2*pi)/2
# AIC (赤池情報量規準)
aicLocallevel <- -2*likLocallevel + 2*(2+1)
aicTrend      <- -2*likTrend      + 2*(2+2)
aicLocaltrend <- -2*likLocaltrend + 2*(3+2)
# 1 期先予測の平均二乗誤差
mseLocallevel <- sum(kfsLocallevel$v[3:60]^2) / 58
mseTrend      <- sum(kfsTrend$v[3:60]^2)      / 58
mseLocaltrend <- sum(kfsLocaltrend$v[3:60]^2) / 58
```

表 3.2 トレンドのあるモデルの解析結果

モデル	次元		最尤推定量			最大対数尤度	AIC	平均二乗誤差
	r	q	$\sigma^2_{\eta,1}$	$\sigma^2_{\eta,2}$	σ^2_{ε}			
ローカルレベル	2	1	0.071	-	0.15	-48.6	103.2	0.30
2 次のトレンド	2	2	0	0.71×10^{-3}	0.24	-54.9	117.8	0.36
ローカル線形トレンド	3	2	0.087	0.53×10^{-6}	0.14	-51.7	113.5	0.32

以上で得られたパラメータの最尤推定量と最大対数尤度，AIC，1 期先予測の平均二乗誤差を表 3.2 に示す．表 3.2 の r, q は散漫対数尤度に対する AIC の算出式 (3.50) における未知パラメータと散漫な初期状態の次元である．ローカル線形トレンドモデルの最尤推定量は，図 3.1(b) でも考察したように傾き成分の状態攪乱項分散 $\sigma^2_{\eta,2}$ がゼロとなり，すなわち，一定の線形トレンドをもったローカルレベルモデルとなっている．しかし，体重の変動に対して，そのような一定のトレンドがずっと続くとするモデルは適当でないように思われる．

最大対数尤度および AIC を比較すると，ローカルレベルモデルが最も当てはまりの良いモデルであることがわかる．ローカル線形トレンドモデルは，2 次のトレンドモデルを特殊な場合として含むためにトレンドモデルより対数尤度で勝っているが，一方でローカルレベルモデルは含まれず対数尤度でもローカルレベルモデルに劣っている．単変量時系列のガウスモデルの場合，対数尤度が大きいということは，観測値の 1 期先予測誤差 $v_t = y_t - Z_t a_t$ の二乗和が小さいことを意味する．実際，1 期先予測の平均二乗誤差 $\sum_{t=3}^{60} v_t^2/58$ を比べると，ローカルレベルモデルの 0.30 に対し，ローカル線形トレンドモデルは 0.32，2 次のトレンドモデルは 0.36 となり，ローカルレベルモデルが最も 1 期先予測誤差が小さいことがわかる．

3.3.2 季節成分モデル

先ほどのトレンドとは異なる予測に有用な要素として，時系列の季節変動がある．例えば月別販売額の推移では，年末売り出しなどにより多くなる月とそうでない月があり，それらは 12 ヶ月周期で毎年概ね同じ変動をしている．時系列の周期変動は年周期だけでなく日周期，週周期のものも考えられるが，そのような周期変動も本書では一律に季節変動と呼び，季節変動を表す状態成分のモデルを**季節成分モデル**（seasonal component model）と呼ぶ．構造時系列モデルにおいて，トレンド成分モデルに従う状態成分 μ_t と季節成分モデルに従う状態成分 γ_t を合わせて観測方程式を

$$y_t = Z^{(\mu)}\mu_t + Z^{(\gamma)}\gamma_t + \varepsilon_t, \quad t = 1, \ldots, n \tag{3.59}$$

としたモデルは**基本構造時系列モデル**（basic structual time series model）あるいは標準的季節調整モデルと呼ばれ，多くの時系列に対してモデル検討の出発点となるべきモデルである．

ここでは，構造時系列モデルにおける2種類の季節成分モデルを紹介する．一つはダミー変数型（dummy variable form），もう一つは三角関数型（trigonometric form）と呼ばれる．

ダミー変数による季節成分モデル

まずはより簡単なダミー変数型を扱う．具体的に計算して確かめやすいよう，企業の四半期決算のような四半期ごとに観測され，年周期性をもった時系列 $y_1, y_2, \ldots$ を考える．さらに簡単のため，時系列全体の平均はゼロとする．ここで，y_{4i+j}，$i = 0, 1, \ldots$，$j = 1, 2, 3, 4$ を第 i 年目第 j 四半期の観測値として，次式のようにモデル化する．

$$y_{4i+j} = \mu + \delta_{1j}\bar{\gamma}_1 + \delta_{2j}\bar{\gamma}_2 + \delta_{3j}\bar{\gamma}_3 + \delta_{4j}\bar{\gamma}_4 + \varepsilon_{4i+j}, \quad \varepsilon_{4i+j} \sim N(0, \sigma_\varepsilon^2). \tag{3.60}$$

ただし，δ_{ij}，$i = 1, 2, 3, 4$ は $i = j$ のとき1，$i \neq j$ のとき0をとる**ダミー変数**である．このとき，式 (3.60) は第 j 四半期に対する観測モデルが $y_{4i+j} = \mu + \bar{\gamma}_j + \varepsilon_{4i+j}$ となるため，各ダミー変数の係数 $\bar{\gamma}_j$，$j = 1, 2, 3, 4$ は季節変動を表す成分であることがわかる．ここで時系列全体の平均がゼロであることから，季節成分の平均もゼロ，すなわち $\bar{\gamma}_1 + \bar{\gamma}_2 + \bar{\gamma}_3 + \bar{\gamma}_4 = 0$ となることに注意する．このようなダミー変数を用いた季節変動を取り入れたモデルは，季節変動モデルの中で最も基本的なものであ

る．

上の季節変動モデル (3.60) を状態空間モデルで表すには．時点 t の状態を $\gamma_t = (\gamma_{t1}\ \gamma_{t2}\ \gamma_{t3})'$ として以下のようにモデルを定義すればよい．

$$
\begin{aligned}
y_t &= \gamma_{t1} + \varepsilon_t = (1\ 0\ 0)\begin{pmatrix}\gamma_{t1}\\ \gamma_{t2}\\ \gamma_{t3}\end{pmatrix} + \varepsilon_t, \quad \varepsilon_t \sim N(0, \sigma_\varepsilon^2), \\
\begin{pmatrix}\gamma_{t+1,1}\\ \gamma_{t+1,2}\\ \gamma_{t+1,3}\end{pmatrix} &= \begin{pmatrix}-1 & -1 & -1\\ 1 & 0 & 0\\ 0 & 1 & 0\end{pmatrix}\begin{pmatrix}\gamma_{t1}\\ \gamma_{t2}\\ \gamma_{t3}\end{pmatrix} + \begin{pmatrix}\eta_t\\ 0\\ 0\end{pmatrix}, \quad \eta_t \sim N(0, \sigma_\eta^2).
\end{aligned}
\tag{3.61}
$$

ただし，初期値は $\gamma_1 = (\bar{\gamma}_1\ \bar{\gamma}_4\ \bar{\gamma}_3)'$ とし，また季節成分が固定されたモデル (3.60) においては $\sigma_\eta^2 = 0$ とすることで状態撹乱項 η_t を常にゼロとおく．このとき $y_1 = \bar{\gamma}_1 + \varepsilon_1$ となることは自明であるが，次の時点の状態は $\bar{\gamma}_1 + \bar{\gamma}_2 + \bar{\gamma}_3 + \bar{\gamma}_4 = 0$ となることを用いて

$$
\gamma_2 = \begin{pmatrix}\gamma_{21}\\ \gamma_{22}\\ \gamma_{23}\end{pmatrix} = \begin{pmatrix}-1 & -1 & -1\\ 1 & 0 & 0\\ 0 & 1 & 0\end{pmatrix}\begin{pmatrix}\bar{\gamma}_1\\ \bar{\gamma}_4\\ \bar{\gamma}_3\end{pmatrix} = \begin{pmatrix}-\bar{\gamma}_1 - \bar{\gamma}_4 - \bar{\gamma}_3\\ \bar{\gamma}_1\\ \bar{\gamma}_4\end{pmatrix} = \begin{pmatrix}\bar{\gamma}_2\\ \bar{\gamma}_1\\ \bar{\gamma}_4\end{pmatrix}
\tag{3.62}
$$

となり，同様に $\gamma_3 = (\bar{\gamma}_3\ \bar{\gamma}_2\ \bar{\gamma}_1)'$, $\gamma_4 = (\bar{\gamma}_4\ \bar{\gamma}_3\ \bar{\gamma}_2)'$, $\gamma_5 = (\bar{\gamma}_1\ \bar{\gamma}_4\ \bar{\gamma}_3)', \ldots$ となるため，結果的に (3.60) と同じ観測モデルが得られることが確かめられる．

さらに，モデル (3.61) において $\sigma_\eta^2 > 0$ とすると，各季節成分 $\bar{\gamma}_1, \ldots, \bar{\gamma}_4$ に当該季節が訪れるたびにホワイトノイズ η_t が加わるため，季節変動が 1 年ごとにランダムウォークにより変化していくモデルが得られる．そのように状態撹乱項 η_t による季節成分の変動を許すことで，季節変動の直近の傾向を反映した予測を行うことが可能となる．

より一般に，周期 s の季節成分を表す状態空間モデルは，モデル (3.1) において状態を $s-1$ 次元ベクトル γ_t として

$$Z_t = (1\ 0\ \cdots\ 0), \quad T_t = \begin{pmatrix} -1 & \cdots & -1 & -1 \\ 1 & & 0 & 0 \\ & \ddots & & \vdots \\ 0 & & 1 & 0 \end{pmatrix}, \quad R_t = \begin{pmatrix} 1 \\ 0 \\ \vdots \\ 0 \end{pmatrix} \tag{3.63}$$

とおくことで構成することができる．初期状態 γ_1 の分布については，状態撹乱項分散 σ_η^2 がゼロかそうでないかに関わらず，通常は散漫な分布 $a_1 = 0, P_{*,1} = O, P_{\infty,1} = I_{s-1}$ が与えられる．

三角関数による季節成分モデル

続いて，三角関数を用いた季節変動の表現を与える．これは，s 期ごとに一定の変動パターンを繰り返す平均ゼロの時系列 y_t が，三角関数を用いて

$$y_t = \sum_{j=1}^{\lfloor s/2 \rfloor} (c_j \cos \omega_j t + c_j^* \sin \omega_j t) \tag{3.64}$$

と表せることに基づいた方法である．ここで $\omega_j = 2\pi j/s$ は周期 s/j に対応する周波数であり，また $\lfloor s/2 \rfloor$ は $s/2$ を超えない最大の整数である．式 (3.64) の級数が $j = 1, \ldots, \lfloor s/2 \rfloor$ までで終わるのは，観測値が連続時間でなく一定間隔の離散時間上でのみ得られるために，$\omega_1 = 2\pi/s$ の1倍，2倍，...，$\lfloor s/2 \rfloor$ 倍の周波数成分までで周期内の変動パターンが完全に表現できるためである．

一方で，地球の公転周期がちょうど365日ではないように，周期 s が整数でないことも自然界ではしばしば起こる．周期が有理数 $s = q/p$（p, q は整数）である場合は，離散時間 $t = 1, 2, \ldots$ 上では周期 q での変動パターンを繰り返すため，周期を整数 $s = q$ に置き換えて上と同じように扱うことができる．しかし s が有理数でない場合には，各周期で同じ変動パターンを繰り返していても，周期 s に対する各時点の位相 $2\pi t/s$，$t = 1, 2, \ldots$ は決して同じ値をとらないため，周期変動パターンの完全な表現は，周波数の無限列 $\omega_j = 2\pi j/s$，$j = 1, 2, \ldots$ を用いた次の無限級数と

なる．

$$y_t = \sum_{j=1}^{\infty} (c_j \cos \omega_j t + c_j^* \sin \omega_j t). \tag{3.65}$$

式 (3.64)，(3.65) のように，各周波数 ω_j に対応する周期変動を $c_j \cos \omega_j t + c_j^* \sin \omega_j t$ として表現することができるが，状態空間モデルで表現するにあたっては周波数 ω_j ごとに状態を $(\gamma_{jt}\ \gamma_{jt}^*)'$ とおいて状態方程式を

$$\begin{pmatrix} \gamma_{j,t+1} \\ \gamma_{j,t+1}^* \end{pmatrix} = \begin{pmatrix} \cos \omega_j & \sin \omega_j \\ -\sin \omega_j & \cos \omega_j \end{pmatrix} \begin{pmatrix} \gamma_{jt} \\ \gamma_{jt}^* \end{pmatrix} + \begin{pmatrix} \eta_{jt} \\ \eta_{jt}^* \end{pmatrix}, \tag{3.66}$$
$$\eta_{jt} = (\eta_{jt}\ \eta_{jt}^*)' \sim N(0, \sigma_{\eta,j}^2 I_2)$$

と定義すると便利である．ただし $\omega_j = \pi$ すなわち $j = s/2$ のときに限り，式 (3.66) における状態の第二成分 γ_{jt}^* が不要となるため，状態を第一成分 γ_{jt} のみとして状態方程式を

$$\gamma_{j,t+1} = -\gamma_{jt} + \eta_{jt}, \quad \eta_{jt} \sim N(0, \sigma_{\eta,j}^2) \tag{3.67}$$

に変えることとする．式 (3.66) または (3.67) における状態撹乱項 η_{jt}, η_{jt}^* をゼロに固定したとき，γ_{jt} の時間推移について，ある定数 c_j, c_j^* を用いて

$$\gamma_{jt} = c_j \cos \omega_j t + c_j^* \sin \omega_j t, \quad t = 1, 2, \ldots$$

と表現することができ，このとき式 (3.64)，(3.65) の級数は各状態の第一成分 γ_{jt} の和として $y_t = \sum_j \gamma_{jt}$ のように表すことができる．したがって，周期 s の変動パターンをもつ平均ゼロの時系列 y_t に対する状態空間表現は，状態を $\gamma_t = (\gamma_{1t}\ \gamma_{1t}^*\ \cdots\ \gamma_{lt}\ \gamma_{lt}^*)'$ として，モデル式 (3.1) において

$$T_t = \begin{pmatrix} T_{1t} & & O \\ & \ddots & \\ O & & T_{lt} \end{pmatrix}, \quad T_{jt} = \begin{pmatrix} \cos\omega_j & \sin\omega_j \\ -\sin\omega_j & \cos\omega_j \end{pmatrix}, \quad j = 1, \ldots, l,$$

$$R_t = I_{2l}, \quad Q_t = \begin{pmatrix} \sigma^2_{\eta,1} I_2 & & O \\ & \ddots & \\ O & & \sigma^2_{\eta,l} I_2 \end{pmatrix}, \quad Z_t = (1\ 0\ 1\ 0\ \cdots\ 1\ 0) \tag{3.68}$$

とすることで得られる．ここでも初期状態 γ_1 の分布は通常 $a_1 = 0, P_{\infty,1} = I_{2l}, P_{*,1} = O$ と設定することになる．ただし，s が偶数で $l = s/2$ となる場合は，状態の最後の成分を除いて $\gamma_t = (\gamma_{1t}\ \gamma^*_{1t}\ \cdots\ \gamma_{lt})'$ とし，T_t, Q_t の対応する対角成分を $T_{lt} \to -1$, $\sigma^2_{\eta,l} I_2 \to \sigma^2_{\eta,l}$ に置き換え，さらに $R_t = I_{2l-1}, Z_t = (1\ 0\ 1\ 0\ \cdots\ 1), P_{\infty,1} = I_{2l-1}$ とする．ここで周波数成分の個数 l は，周期 s が整数（あるいは有理数）のときは $s/2$ を超えない範囲の正の整数，周期 s が有理数でない場合は任意の正の整数にとることができる．l を小さくとることにより，例えば平均気温のような急激な変化がなく緩やかな周期パターンを繰り返すような時系列に対して高周波成分を切り捨てて低周波成分のみで表現することで，次元を節約して過適合を回避することができる．このような次元節約法は，前述のダミー変数型では実現できないため，三角関数型を用いることの大きな利点となる．

なお，周期が整数のときダミー変数型モデルと三角関数型モデルの状態の次元は一致し，さらに状態撹乱項 η_t をゼロに固定すると，両モデルの状態 $\gamma_t^{(dummy)}$ と $\gamma_t^{(tri)}$ はある正則行列 A による線形変換 $\gamma_t^{(tri)} = A\gamma_t^{(dummy)}$ で1対1に対応する．そのため，初期分布に関しても $a_1^{(tri)} = Aa_1^{(dummy)}, P_1^{(tri)} = AP_1^{(dummy)}A'$ と対応させれば，両モデルの状態分布は線形変換を通じて完全に一致し，ダミー変数型と三角関数型は観測値が同じ挙動をとる同等なモデルとなる．

例 3.2　基本構造時系列モデルの適用と比較

図 1.1(b) に示していた織物衣服の小売業販売額データに，トレンド成分モデルと季節成分モデルを合わせた基本構造時系列モデル (3.59) を適用する．この時系列は月次データであり，明らかに 1 年周期の季節変動をもつため，季節成分モデルの周期は 12 とする．基本構造時系列モデルのうち，トレンド成分モデルについては 1 次と 2 次のトレンド成分モデルを 2 種類を適用する．季節成分モデルについては，ダミー変数型モデルと三角関数型モデルのそれぞれにつき，季節変動が時間的に「固定」された場合と，季節変動が年々「変化」する場合に分けた計 4 種類のモデルを適用する．

2 次のトレンド成分モデルに対して，上記の 4 種類の季節成分モデルを組み合わせた場合の解析コード例を以下に示す．季節成分モデルは関数 `SSMmodel` 内の式に関数 `SSMseasonal` を加えることで導入できる．関数 `SSMseasonal` の最初の引数は周期を指定しており，二つ目の引数 `sea.type` はダミー変数型`"dummy"`か三角関数型`"trigonometric"`を指定するものである．さらに，状態撹乱項分散 `Q` にある正数または `NA` を入れると季節成分は年々変化するものとなるが，`Q` を指定しなければ状態撹乱項は加えられず季節成分は固定となる．ただし，三角関数型モデルの状態撹乱項分散を推定する場合，周波数 ω_j，$j = 1, \ldots, \lfloor s/2 \rfloor$ ごとに共通の状態撹乱項分散 $\sigma^2_{\eta,j}$ をとる必要があるが，モデル定義で Q を `NA` とするだけでは分散を共通にすることはできない．そこで，関数 `fitSSM` にモデルを更新する関数 `updatefn` を与えている．関数 `updatefn` は，分散 Q,H に限らない未知パラメータ（`NA` にしなくともよい）を含むモデルと，未知パラメータに与える候補値を引数に与えて，未知パラメータに候補値を代入したモデルを返す関数として定義する．ここでは，分散パラメータは負値をとってはならないため，候補値の引数 `pars` に対して指数関数をとり正値に変換した上で代入している．`pars[2]` は 2 次のトレンドモデル，`pars[3:8]` は季節成分モデルの状態撹乱項分散を与えているが，代入先を間違えないように `fitSeasTri$model` などから状態変数の格納順を確認しておくべきである．また，パラメータ数が多くなると，関数 fitSSM が最適解でない値に収束しやすくなるため，いくつかの初期値の組合せに対して fitSSM を実行するなどの工夫をして最適解を探索する必要がある．

```
#ダミー変数型（固定）の季節成分モデル（季節変動が固定の場合）
modSeasDummy0 <- SSModel(sales$Fabric ~
  SSMtrend(2, Q = c(list(0), list(NA)))
  + SSMseasonal(12, sea.type="dummy"), H = NA)
fitSeasDummy0 <- fitSSM(modSeasDummy0, numeric(2), method = "BFGS")
kfsSeasDummy0 <- KFS(fitSeasDummy0$model)
#ダミー変数型（変化）の季節成分モデル（季節変動が変化する場合）
modSeasDummy <- SSModel(sales$Fabric ~
  SSMtrend(2, Q = c(list(0), list(NA)))
  + SSMseasonal(12, sea.type="dummy", Q = NA), H = NA)
fitSeasDummy <- fitSSM(modSeasDummy, numeric(3), method = "BFGS")
kfsSeasDummy <- KFS(fitSeasDummy$model)
#三角関数型（固定）の季節成分モデル（季節変動が固定の場合）
modSeasTri0 <- SSModel(sales$Fabric ~
  SSMtrend(2, Q = c(list(0), list(NA)))
  + SSMseasonal(12, sea.type="trigonometric"), H = NA)
fitSeasTri0 <- fitSSM(modSeasTri0, numeric(2), method = "BFGS")
kfsSeasTri0 <- KFS(fitSeasTri0$model)
#三角関数型（変化）の季節成分モデル（季節変動が変化する場合）
modSeasTri <- SSModel(sales$Fabric ~
  SSMtrend(2, Q = c(list(0), list(NA)))
  + SSMseasonal(12, sea.type="trigonometric", Q = NA), H = NA)
updatefn <- function(pars, model){
  model$H[] <- exp(pars[1])
  diag(model$Q[,,1]) <- c(0,exp(pars[2]),rep(exp(pars[3:8]),c(rep(2,5),1)))
  return(model)
}
fitSeasTri <- fitSSM(modSeasTri, c(6,0,1,2,0,0,0,0), updatefn,
  method="BFGS")
kfsSeasTri <- KFS(fitSeasTri$model)
```

各モデルに対して，例 3.1 と同様にして最大対数尤度と 1 期先予測の平均二乗誤差 $\sum_{t=14}^{144} v_t^2/131$ を求めた結果を表 3.3 に示す．トレンド成分モデルの種類間で比較すると，同じ季節成分モデルに対して，2 次のトレンドモデルよりも 1 次のトレンドモデルの方が対数尤度でも平均二乗誤差でも少しだけ勝っている．続いて季節成分モデルの種類間で比較すると，対数尤度で比べてより良いのはダミー変数型（変化）である一方，平均

表 3.3 基本構造時系列モデルの解析結果

トレンドの次数	季節成分の種類	次元		最大対数尤度	平均二乗誤差
		r	q		
1 次	ダミー変数型（固定）	2	12	−653.7	969.6
1 次	ダミー変数型（変化）	3	12	−652.9	952.7
1 次	三角関数型（固定）	2	12	−662.6	969.6
1 次	三角関数型（変化）	8	12	−654.2	862.3
2 次	ダミー変数型（固定）	2	13	−654.2	987.8
2 次	ダミー変数型（変化）	3	13	−653.9	984.0
2 次	三角関数型（固定）	8	13	−663.1	987.8
2 次	三角関数型（変化）	8	13	−655.6	881.2

二乗誤差では三角関数型（変化）が群を抜いて優れている．この食い違いは，散漫対数尤度の算式 (3.47)，(3.48) に起因して，表 3.3 の最大対数尤度の評価が不公平となっていることに原因がある．

上述のように，状態撹乱項をゼロとし季節変動を固定したときのダミー変数型モデルと三角関数型モデルの状態はある線形変換 $\gamma_t^{(tri)} = A\gamma_t^{(dummy)}$ により対応付けられ，初期分布も同じく $a_1^{(tri)} = Aa_1^{(dummy)}$，$P_1^{(tri)} = AP_1^{(dummy)}A'$ により対応させれば両モデルは完全に同等となり尤度も一致する．ところが，散漫初期化における $P_{1,\infty}$ が R パッケージ KFAS では 0 と 1 のみを要素とする対角行列しか指定できず，両モデルの初期分布が対応付かないために，散漫な初期時点 $t = 1, \ldots, d$ における $F_{\infty,t}$ ひいては散漫対数尤度 (3.48) に差異が生じている．ただし散漫な初期分布が異なっていても，表 3.3 の平均二乗誤差が一致することからもわかるように，状態平滑化および時点 $t = d+1, \ldots, n$ の通常のカルマンフィルタの結果は一致するため，実用上は両モデルは同等なものと考えてよい．

最大対数尤度あるいは AIC で公平にモデルを比較するには，$P_{1,\infty}$ を対応させる代わりに，散漫対数尤度 (3.48) における $\log|F_{\infty,t}|$ を揃えて評価すればよい．三角関数型モデルの $\log|F_{\infty,t}|$ をダミー変数型モデルのものに変えて尤度を評価すると，表 3.3 の 4，8 行目の三角関数型（固定）の最大対数尤度はそれぞれ 2，6 行目のダミー変数型（固定）のものと一致し，また 5，9 行目にある三角関数型（変化）の最大対数尤度はそれぞ

れ -645.3，-646.6 となる．これらの値は，表 3.3 の季節変動を固定したダミー変数型と三角関数型の対数尤度差を差し引いて $-654.2-[-662.6-(-653.7)]=-645.3$，$-655.6-[-663.1-(-654.2)]=-646.6$ として得ることもできる．このとき最大対数尤度，平均二乗誤差のいずれの指標においても，三角関数型（変化）が最も当てはまりの良いモデルとなり，さらに式 (3.50) で求まる AIC で比較しても同様となる．

結局，1 次のトレンド＋三角関数型のモデルが最も予測性能に優れたモデルということになるが，例 3.1 と異なり 1 次と 2 次のトレンド成分モデルの間で最大対数尤度の差はそれほど大きくはない．時系列の尤度は 1 期先予測誤差に基づいているため，1 年以上先までの長期予測が目的である場合，一定水準で予測する 1 次のトレンドよりも傾きを引き伸ばして予測する 2 次のトレンドを用いた方が予測性能で上回ることがある．

そこで，所与の時系列を 2011 年 12 月までとして，2012 年 1 月から 2013 年 12 月まで長期予測を行い，両モデルの予測精度を比較してみる．図 3.2 には，2011 年 12 月までの各状態成分および観測値撹乱項の平滑化平均（縦破線より左側）と，2012 年 1 月以降の各状態成分の長期予測と観測値の予測誤差（縦破線より右側）を示している．(a) の水準成分の推移を見ると，黒線の 1 次のトレンド成分モデルと灰色線の 2 次のトレンド成分モデルは 2011 年 12 月まで概ね近い推移をしている．ところが，2012 年 1 月以降の長期予測では，黒線の 1 次のトレンド成分モデルは最終時点の水準を引き伸ばして予測するのに対し，灰色線の 2 次のトレンド成分モデルは最終時点の傾きを引き伸ばした予測をしており，実際の時系列のトレンドにも合致しているように見える．次に，(b) の季節成分については，両モデルともほぼ同じ値をとっており，どちらも季節変動が毎年一定ではなく年々変化していることがわかる．ただし，将来の予測においては季節成分は一定であり，2012 年と 2013 年で同じ季節変動をしている．最後に (c) を見ると，2011 年 12 月までの観測値撹乱項の平滑化平均は概ね近い推移をしているが，2012 年 1 月以降の予測誤差にはトレンドの違いが表れている．黒線で示された 1 次のトレンド成分モデルの予測誤差は明らかに正に偏っているのに対し，灰色線で示された 2 次のト

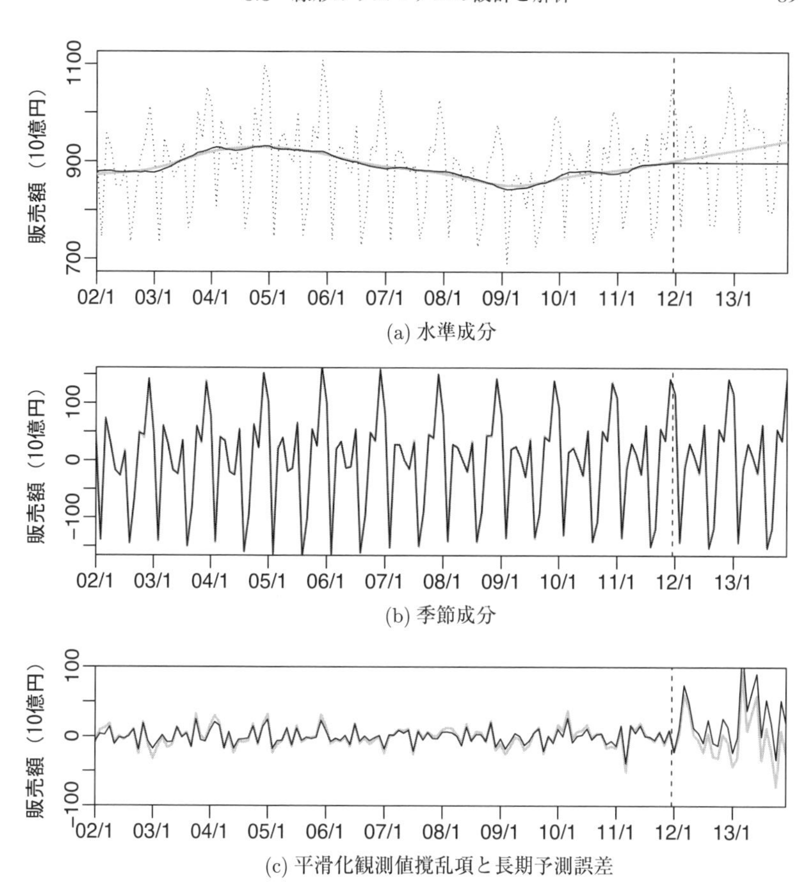

(a) 水準成分

(b) 季節成分

(c) 平滑化観測値撹乱項と長期予測誤差

図 3.2 基本構造時系列モデルによる状態平滑化と長期予測

レンド成分モデルの予測誤差にはあまり偏りは見られない．そこで，24 期先までの長期予測の平均二乗誤差 $\sum_{j=1}^{24}(\bar{y}_{120+j} - y_{120+j})^2/24$ を算出すると，1 次のモデルは 2030 となるに対し，2 次のモデルは 1330 となり，長期の予測精度で大きく優れていることがわかる．

このように，時系列に明らかなトレンドが見られ，1 次と 2 次のトレンド成分モデルに大きな当てはまりの差がないような場合には，2 次のモデルを採用して長期予測することも十分に考えられる．

3.3.3 ARMA成分モデルとARIMA成分モデル

1.2.4項で触れたように，ARIMAモデルは状態空間モデルに完全に包含されており，カルマンフィルタを用いてパラメータ推定や予測を行うことができる．ここでは，ARIMAモデルに対する状態空間モデルでの表現を示す．

まず前段階として，水準を表す状態 ν_t の挙動が次のARMA(p,q)モデルに従うを場合を考える．

$$\nu_t = \phi_1\nu_{t-1} + \cdots + \phi_p\nu_{t-p} + \eta_t + \lambda_1\eta_{t-1} + \cdots + \lambda_q\eta_{t-q}. \tag{3.69}$$

ただし η_t は平均ゼロ，分散 σ_η^2 の正規ホワイトノイズとする．ここで $j = 1, 2, \ldots$ に対して $\tilde{\nu}_{t+j|t-1}$ を

$$\begin{aligned}\tilde{\nu}_{t+j|t-1} = \phi_{j+1}\nu_{t-1} + \cdots + \phi_p\nu_{t+j-p} + \lambda_j\eta_t \\ + \lambda_{j+1}\eta_{t-1} + \cdots + \lambda_q\eta_{t+j-q}\end{aligned} \tag{3.70}$$

と定義する．$\tilde{\nu}_{t+j|t-1}$ は，ν_{t+j} に対するARMAモデル式(3.69)のうち，時刻 $t-1$ までの状態 $\nu_{t-1}, \nu_{t-2}, \ldots$ と時刻 t までの状態攪乱項 $\eta_t, \eta_{t-1}, \ldots$ に関わる部分を示している．このとき $k = \max(p, q+1)$ とおくと，次の関係が成り立つ．

$$\begin{aligned}\nu_t &= \phi_1\nu_{t-1} + \tilde{\nu}_{t|t-2} + \eta_t, \\ \tilde{\nu}_{t+1|t-1} &= \phi_2\nu_{t-1} + \tilde{\nu}_{t+1|t-2} + \lambda_1\eta_t, \\ &\vdots \\ \tilde{\nu}_{t+k-2|t-1} &= \phi_{k-1}\nu_{t-1} + \tilde{\nu}_{t+k-2|t-2} + \lambda_{k-2}\eta_t, \\ \tilde{\nu}_{t+k-1|t-1} &= \phi_k\nu_{t-1} + \lambda_{k-1}\eta_t.\end{aligned} \tag{3.71}$$

したがって，k 次元の状態ベクトルを

$$\alpha_t = (\nu_t, \tilde{\nu}_{t+1|t-1}, \ldots, \tilde{\nu}_{t+k-1|t-1})' \tag{3.72}$$

と定義し，さらに

$$T_t = \begin{pmatrix} \phi_1 & 1 & & 0 \\ \phi_2 & & \ddots & \\ \vdots & 0 & & 1 \\ \phi_k & 0 & \cdots & 0 \end{pmatrix}, \quad R_t = \begin{pmatrix} 1 \\ \lambda_1 \\ \vdots \\ \lambda_{k-1} \end{pmatrix}, \quad Z_t = (1\ 0\ \cdots\ 0) \tag{3.73}$$

とおくことで，状態空間モデル (3.1) の状態方程式が式 (3.71) と同じものとなり，状態 α_t の第一成分 ν_t が ARMA(p,q) モデルに従うこととなる．モデル (3.73) の観測方程式は $y_t = Z_t\alpha_t + \varepsilon_t = \nu_t + \varepsilon_t$ となり，ARMA(p,q) モデルに観測値撹乱項 ε_t が加わって観測値を得るモデルとなっている．よって観測値撹乱項分散をゼロとして $\varepsilon_t = 0$ に固定すれば，y_t は通常の ARMA(p,q) モデルに従うこととなり，ARMA(p,q) モデルの状態空間表現が得られた．

次に，ARMA モデルの状態空間表現に基づいて，ARIMA モデルの状態空間表現を構成する．ARIMA(p,d,q) のモデル式は，ARMA(p,q) のモデル式 (3.69) の $\nu_t,\ldots,\nu_{t-p}$ を d 階の階差オペレータ $\Delta^d\nu_t,\ldots,\Delta^d\nu_{t-p}$ に置き換えたものとなるため，式 (3.70) についても

$$\begin{aligned}\tilde{\nu}_{t+j|t-1} &= \phi_{j+1}\Delta^d\nu_{t-1} + \phi_{j+2}\Delta^d\nu_{t-2} + \cdots + \phi_p\Delta^d\nu_{t+j-p} \\ &\quad + \lambda_j\eta_t + \lambda_{j+1}\eta_{t-1} + \cdots + \lambda_q\eta_{t+j-q}\end{aligned} \tag{3.74}$$

と置き換える．ここで，$0 \le j < d$ について帰納的に

$$\Delta^j\nu_t = \Delta^j\nu_{t-1} + \Delta^{j+1}\nu_t = \cdots = \sum_{i=j}^{d-1}\Delta^i\nu_{t-1} + \Delta^d\nu_t$$

となることを利用して，状態ベクトルを

$$\alpha_t = (\nu_{t-1}, \Delta\nu_{t-1}, \ldots, \Delta^{d-1}\nu_{t-1}, \Delta^d\nu_t, \tilde{\nu}_{t+1|t-1}, \ldots, \tilde{\nu}_{t+k-1|t-1})' \tag{3.75}$$

とおくと，まず Z_t を先頭 $d+1$ 成分が 1，残りの成分が 0 のベクトル

$$Z_t = (1\ \cdots\ 1\ 0\ \cdots\ 0)$$

とすれば，$Z_t\alpha_t = \nu_{t-1} + \Delta\nu_{t-1} + \cdots + \Delta^{d-1}\nu_{t-1} + \Delta^d\nu_t = \nu_t$ が成り立つ．さらに，状態方程式の T_t, R_t について

$$T_t = \begin{pmatrix} 1 \cdots 1 & 1 & 0 \cdots 0 \\ \ddots \vdots & \vdots & \vdots \quad\; \vdots \\ 0 \quad\; 1 & 1 & 0 \cdots 0 \\ 0 \cdots 0 & \phi_1 & 1 \quad\; 0 \\ \vdots \quad\; \vdots & \phi_2 & \ddots \\ \vdots \quad\; \vdots & \vdots & 0 \quad\; 1 \\ 0 \cdots 0 & \phi_k & 0 \cdots 0 \end{pmatrix}, \quad R_t = \begin{pmatrix} 0 \\ \vdots \\ 0 \\ 1 \\ \lambda_1 \\ \vdots \\ \lambda_{k-1} \end{pmatrix} \tag{3.76}$$

とおけば，状態ベクトル (3.75) について状態方程式 $\alpha_{t+1} = T_t\alpha_t + R_t\eta_t$ が成り立つ．以上より，ARIMA(p, d, q) モデルに従う状態成分モデルが得られた．なお，AR 次数 p および MA 次数 q をゼロとした ARIMA$(0, d, 0)$ を考えると，$\Delta^d\nu_t = \eta_t$ となり 3.3.1 項の d 次のトレンドモデルに一致することがわかる．

初期分布の導出

ARMA モデルは 1.2.2 項で示した定常条件をみたす限りにおいて定常な時系列モデルである．定常な ARMA モデルの状態空間表現における状態 (3.72) の周辺分布は，時点 t によらず平均ゼロと有限な分散共分散行列 $\bar{P} = \mathrm{Var}(\alpha_t)$ をもつ正規分布となる．ゆえに，何も事前情報がない場合の初期状態 α_1 にも同じ周辺分布を設定すればよい．

1.2.2 項の式 (1.33) と (1.34) により得られる ARMA モデルのインパルス応答関数 $\delta_0, \delta_1, \ldots$ と自己共分散関数 $C_0, C_1, \ldots$ を用いて，周辺分布の分散共分散行列 $\bar{P} = \mathrm{Var}(\alpha_t)$ の各成分 $\bar{P}_{ij}$ を次式のように求めることができる．

$$
\begin{aligned}
\bar{P}_{11} &= \mathrm{Var}(\nu_t) = C_0, \\
\bar{P}_{1i} &= \bar{P}_{i1} = \mathrm{Cov}(\nu_t, \tilde{\nu}_{t+i-1|t-1}) \\
&= \mathrm{E}\left[\nu_t \left(\sum_{l=i}^{p} \phi_j \nu_{t+i-1-l} + \sum_{l=i-1}^{q} \lambda_j \eta_{t+i-1-l}\right)\right] \\
&= \sum_{l=i}^{p} \phi_l C_{l+1-i} + \sum_{l=i-1}^{q} \lambda_l \delta_{l+1-i}, \quad i = 2, \ldots, k, \\
\bar{P}_{ij} &= \mathrm{Cov}(\tilde{\nu}_{t+i-1|t-1}, \tilde{\nu}_{t+j-1|t-1}) \\
&= \mathrm{E}\left[\left(\sum_{l=i}^{p} \phi_l \nu_{t+i-1-l} + \sum_{l=i-1}^{q} \lambda_l \eta_{t+i-1-l}\right)\right. \\
&\quad \left. \times \left(\sum_{m=j}^{p} \phi_m \nu_{t+j-1-m} + \sum_{m=j-1}^{q} \lambda_m \eta_{t+j-1-m}\right)\right] \\
&= \sum_{l=i}^{p} \sum_{m=j}^{p} \phi_l \phi_m C_{m-j-l+i} + \sum_{l=i}^{p} \sum_{m=j-1}^{q} \phi_l \lambda_m \delta_{m-j-l+i} \sigma_\eta^2 \\
&\quad + \sum_{l=i-1}^{q} \sum_{m=j}^{p} \lambda_l \phi_m \delta_{l-i-m+j} \sigma_\eta^2 + \sum_{l=i-1}^{q} \lambda_l \lambda_{l+j-i} \sigma_\eta^2, \quad i, j = 2, \ldots, k.
\end{aligned}
\tag{3.77}
$$

ただし $k = \max(p, q+1)$ である．結局，定常 ARMA モデルの状態空間表現における初期分布の分散共分散行列は $P_{*,1} = \bar{P}$，$P_{\infty,1} = O$ となる．

続いて，ARIMA(p, d, q) モデルの状態空間表現における初期分布を考える．ここでも，d 階の階差 $\Delta^d \nu_t$ が従う ARMA(p, q) モデルは定常性をみたすと仮定する．ただし d 階の階差 $\Delta^d \nu_t$ が定常かどうかに関わらず，ARIMA(p, d, q) モデルの d 階未満の階差 $\Delta^k \nu_t$，$k = 0, 1, \ldots, d-1$ は非定常であり，その周辺分布の分散は発散することに注意する．したがって，状態 (3.75) の最初の d 個の成分は非定常過程に従い，残りの $k = \max(p, q+1)$ 個の成分は定常過程に従うこととなり，初期分布の分散共分散行列は ARMA(p, q) モデルに対して式 (3.77) で求まる $k \times k$ 行列 $\bar{P}$ と d 次単位行列 I_d を用いて

$$P_{*,1} = \begin{pmatrix} O & O \\ O & \bar{P} \end{pmatrix}, \quad P_{\infty,1} = \begin{pmatrix} I_d & O \\ O & O \end{pmatrix} \tag{3.78}$$

となる.

状態空間モデルと等価な ARIMA モデル

上述のように ARIMA モデルは完全に状態空間モデルに包含されるが，2.4 節のローカルレベルモデルのように，逆に単純な状態空間モデルに対して，それと等価な ARIMA モデルを構築することも可能である．例えば 3.3.1 項のモデル (3.55) は，2 階の階差をとることで

$$\begin{aligned}
\Delta^2 y_t &= \Delta y_t - \Delta y_{t-1} \\
&= (\mu_{1t} - \mu_{1,t-1}) - (\mu_{1,t-1} - \mu_{1,t-2}) + \varepsilon_t - 2\varepsilon_{t-1} + \varepsilon_{t-2} \\
&= \mu_{2,t-1} + \eta_{1,t-1} - \mu_{2,t-2} - \eta_{1,t-2} + \varepsilon_t - 2\varepsilon_{t-1} + \varepsilon_{t-2} \\
&= \eta_{2,t-2} + \eta_{1,t-1} - \eta_{1,t-2} + \varepsilon_t - 2\varepsilon_{t-1} + \varepsilon_{t-2}
\end{aligned}$$

と撹乱項のみで表され，この $\Delta^2 y_t$ と同じ自己共分散関数をもつ MA(2) モデルを構成することができるため，ARIMA$(0, 2, 2)$ モデルと等価な挙動をもつことがわかる．文献 [11] の付録 1 では，他の状態空間モデルと ARIMA モデルとの対応関係も見ることができる．ただし 2.4 節でも述べたように，等価な ARIMA モデルが存在するとしても，状態空間モデルには時系列の変動要因を各状態成分と観測誤差で説明できるという利点がある．

例 3.3　定常 AR 成分を加えたモデル

ここでは，例 3.2 と同じ織物衣服小売業の販売額データに対して，基本構造時系列モデル (3.59) に定常 AR モデルに従う状態成分 ν_t を加えた次の観測モデルを検討する．

$$y_t = Z^{(\mu)}\mu_t + Z^{(\gamma)}\gamma_t + \nu_t + \varepsilon_t, \quad t = 1, \ldots, n. \tag{3.79}$$

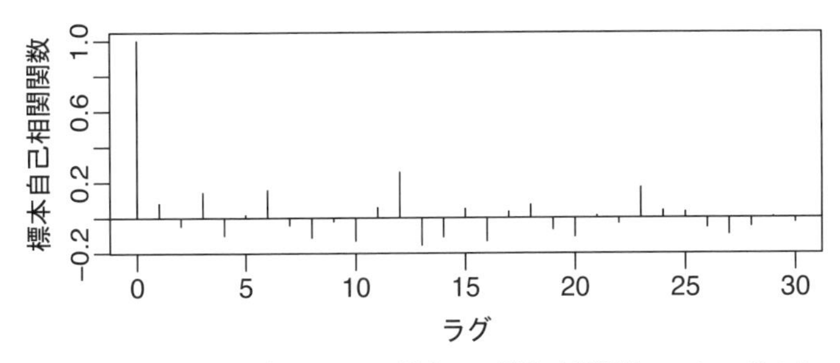

図 3.3 基本構造時系列モデルに対する 1 期先予測誤差のコレログラム

その前に，例 3.2 で解析した 2 次のトレンド成分モデルと固定変動の季節成分モデルの組合せによる基本構造時系列モデルの残差について調べる．散漫な初期時点より後 $t = 14, \ldots, 144$ における 1 期先予測誤差 $v_t = y_t - a_t$ を残差として，その自己相関関数を調べるためにコレログラムを図 3.3 に示した．図 3.3 の残差のコレログラムでは，ラグ 1 の自己相関はとても小さいのに対して，ラグ 12 では比較的高い自己相関が見られる．ラグ 12 は 12 ヶ月すなわち 1 年の時間差に対応するため，ここから季節成分に関わる残差に自己相関が残っていることがわかる．

このように残差に自己相関が見られる場合，式 (3.79) のように定常 AR モデル成分を加えることでモデルの当てはまりを改善できる可能性がある．ここでは，定常 AR 成分が従うモデルとして，AR(1) モデル，AR(2) モデル，AR(12) モデルの 3 種類を適用して比較する．ただし，AR(12) モデルではラグ 12 の自己相関のみを取り入れたいため，ラグ 1 から 11 までの自己相関係数はゼロに固定しておく．上記の三つのモデル候補に対する解析コードはそれぞれ以下のとおりとなる．ARIMA 過程に従う成分は関数 `SSMarima` によって定義することができる．最初の引数の `ar` は AR 部分の係数をベクトルで指定するもので，ベクトルの長さによって AR 次数も同時に指定している．他にも引数 `ma`，`d` によって MA 部分の係数および階差 d を指定することができる．ここでは撹乱項分散以外に AR 部分の係数も未知パラメータとして推定するため，例 3.2 と同じく関数 `fitSSM` に渡すためのモデル更新用関数 `updatefn` を定義している．`KFAS` が用意している関数 `artransform` は実数ベクトル空間から定常条件をみたす係数の領域全体への写像であり，関数 updatefn で AR モデルが常に定常条件をみたすよう係数 ar を更新するのに利用できる．なお，fitSSM による最適化を行う際には，様々に初期値を動かして最適解を探す必要がある．

```
# AR(1) 成分モデル
modAR1 <- SSModel(sales$Fabric ~ SSMtrend(2, Q = c(list(0), list(NA)))
  + SSMarima(ar = 0, Q = 0)
  + SSMseasonal(12, sea.type="dummy"), H = NA)
updatefn <- function(pars, model){
  model <- SSModel(sales$Fabric ~
    SSMtrend(2, Q = c(list(0), list(exp(pars[1]))))
    + SSMarima(ar = artransform(pars[2]), Q = exp(pars[3]))
    + SSMseasonal(12, sea.type="dummy"), H = exp(pars[4]))
  return(model)
}
fitAR1 <- fitSSM(modAR1, c(-1,0,6,3), updatefn, method = "BFGS")
kfsAR1 <- KFS(fitAR1$model)
# AR(2) 成分モデル
modAR2 <- SSModel(sales$Fabric ~ SSMtrend(2, Q = c(list(0), list(NA)))
  + SSMarima(ar = c(0, 0), Q = 0)
  + SSMseasonal(12, sea.type="dummy"), H = NA)
updatefn <- function(pars, model){
  model <- SSModel(sales$Fabric ~
    SSMtrend(2, Q = c(list(0), list(exp(pars[1]))))
    + SSMarima(ar = artransform(pars[2:3]), Q = exp(pars[4]))
    + SSMseasonal(12, sea.type="dummy"), H = exp(pars[5]))
  return(model)
}
fitAR2 <- fitSSM(modAR2, c(-1,0.1,0,6,3), updatefn, method = "BFGS")
kfsAR2 <- KFS(fitAR2$model)
# AR(12) 成分モデル（ラグ 12 以外の自己回帰係数はゼロとする）
modAR12 <- SSModel(sales$Fabric ~ SSMtrend(2, Q = c(list(0), list(NA)))
  + SSMarima(ar = rep(0, 12), Q = 0)
  + SSMseasonal(12, sea.type="dummy"), H = NA)
updatefn <- function(pars, model){
  model <- SSModel(sales$Fabric ~
    SSMtrend(2, Q = c(list(0), list(exp(pars[1]))))
    + SSMarima(ar = c(rep(0,11), artransform(pars[2])), Q = exp(pars[3]))
    + SSMseasonal(12, sea.type="dummy"), H = exp(pars[4]))
  return(model)
}
fitAR12 <- fitSSM(modAR12, c(-1,0.4,6,0), updatefn, method = "BFGS")
```

```
kfsAR12 <- KFS(fitAR12$model)
```

各モデルに対して，最大対数尤度，AIC および 1 期先予測の平均二乗誤差を求めた結果を表 3.4 に示す．ただし，表 3.4 の 1 行目は，表 3.3 にも掲載している定常 AR 成分を加えない 2 次トレンド＋ダミー変数型（固定季節変動）の基本構造時系列モデルの結果である．AR 成分を加えても散漫な初期成分の次元 q は変わらないが，未知パラメータの次元 r は増加することとなる．定常 AR 成分なしのモデルと比較して，AR(1) 成分あるいは AR(2) 成分を加えたモデルは対数尤度および平均二乗誤差 $\sum_{t=14}^{144} v_t^2/131$ の改善幅が小さく，AIC で見るとより悪くなっている．一方で，AR(12) 成分を加えたモデルは対数尤度，平均二乗誤差に大幅な改善が見られ，AIC も良くなっている．

表 3.4 定常 AR 成分を加えたモデルの解析結果

AR モデルの次数（非ゼロ係数のラグ）	次元		最大対数尤度	AIC	平均二乗誤差
	r	q			
なし	2	13	−654.2	1338.4	987.8
1 (1)	4	13	−653.6	1341.2	982.0
2 (1, 2)	5	13	−653.5	1343.0	979.9
12 (12)	4	13	−648.9	1331.9	908.5

また，例 3.2 と同様に 2011 年 12 月までの時系列を所与として，2012 年 1 月から 2013 年 12 月までの長期予測を行うと，AR(12) 成分を加えたモデルにおける 24 期先までの長期予測の平均二乗誤差 $\sum_{j=1}^{24}(\bar{y}_{120+j} - y_{120+j})^2/24$ は 1149 となり，例 3.2 の三角関数型季節成分モデルよりも予測精度が優れていることになる．ここで，AR(12) 成分を季節変動の一部とみなして，季節成分と AR(12) 成分を合わせた季節変動の推移を図 3.4 で確認すると，予測期間である 2012 年と 2013 年の間で季節変動が異なっており，将来の季節変動の変化までもが予測されていることがわかる．以上のように，残差である 1 期先予測誤差に残っている自己相関を手掛かりにして，ARIMA 成分を加えることでモデルを改善することができる．

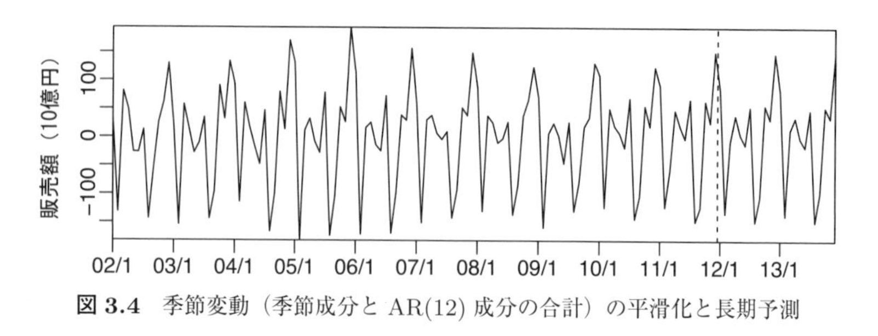

図 3.4　季節変動（季節成分と AR(12) 成分の合計）の平滑化と長期予測

3.3.4　回帰成分モデル

経済時系列などでは，他の経済指標との関係を同時方程式モデルのような回帰モデルの形で推定することが多い．状態空間モデルでは，このような説明変数に依存する**回帰成分**（regression component）も状態成分に取り入れることができる．一般に，説明変数も時間的に変化するものと考え，時点 t における k 個の説明変数の組を $x_t = (x_{1t}, \ldots, x_{kt})$ と表す．通常の線形回帰モデルでは，観測値は切片 β_0 と回帰係数 $\beta_1, \ldots, \beta_k$ を用いて

$$y_t = \beta_0 + \sum_{j=1}^{k} \beta_j x_{jt} + \varepsilon_t, \quad \varepsilon_t \sim N(0, \sigma_\varepsilon^2), \quad t = 1, \ldots, n \tag{3.80}$$

と表される．

状態空間モデルでは，式 (3.80) の線形回帰モデルについて，さらに次式のように回帰係数が時点 $t = 1, \ldots, n$ ごとに変化する**動的回帰モデル**に拡張することができる．

$$\begin{aligned} y_t &= \beta_{0t} + \textstyle\sum_{j=1}^{k} \beta_{jt} x_{jt} + \varepsilon_t, & \varepsilon_t &\sim N(0, \sigma_\varepsilon^2), \\ \beta_{j,t+1} &= \beta_{jt} + \eta_{jt}, & \eta_{jt} &\sim N(0, \sigma_{\eta,j}^2),\ j = 0, \ldots, k. \end{aligned} \tag{3.81}$$

ただし，$\eta_{1t}, \ldots, \eta_{kt}$ は互いに独立とする．このとき，各回帰係数 β_{jt}，$j = 0, \ldots, k$ はランダムウォークに従って時間推移することとなる．なお，$\sigma_{\eta,0}^2 = \sigma_{\eta,1}^2 = \sigma_{\eta,k}^2 = 0$ とおくことで，回帰係数を時間的に固定した通常の回帰モデルとして扱うこともできる．これをモデル式 (3.1) で表現するには，時点 t における回帰係数を状態 $\beta_t = (\beta_{0t}\ \beta_{1t}\ \ldots\ \beta_{kt})'$ として

$$Z_t = (1\ x_t), \quad T_t = R_t = I_{k+1}, \quad Q_t = \begin{pmatrix} \sigma^2_{\eta,0} & & & 0 \\ & \sigma^2_{\eta,1} & & \\ & & \ddots & \\ 0 & & & \sigma^2_{\eta,k} \end{pmatrix} \tag{3.82}$$

とおけばよい．また，初期状態分布については，回帰係数に関する事前情報がない限りは通常，$a_1 = 0, P_{\infty,1} = I_{k+1}, P_{*,1} = O$ とおく．

説明変数が行列 Z_t の中に含まれることで，状態空間モデルによる表現が実現されている．なお，切片項 β_{0t} が不要である場合には，β_t，Z_t および Q_t の最初の成分を取り除き，$T_t = R_t = P_{\infty,1} = I_k$ とおく．

例 3.4　回帰成分のあるモデル

回帰成分のあるモデルの解析例として，図 3.5 に示した燃料小売業の月次販売額データ（出典：経済産業省『商業動態統計』）に対し，基本構造時系列モデルに東京都内のガソリン月平均単価（出典：総務省統計局『小売物価統計調査』）による回帰成分を加えたモデルを適用する．ただし，ここでは販売額 y_t およびガソリン価格 g_t の各時系列に対する対数系列 $\log y_t, \log g_t$ を用いた以下のモデル式を考える．

$$\log y_t = \beta_t \log g_t + Z^{(\mu)}\mu_t + Z^{(\gamma)}\gamma_t + \varepsilon_t. \tag{3.83}$$

この式は，原系列 y_t に次式の乗法型モデルを仮定することと等価である．

$$y_t = g_t^{\beta_t} \times e^{Z^{(\mu)}\mu_t} \times e^{Z^{(\gamma)}\gamma_t} \times e^{\varepsilon_t}. \tag{3.84}$$

燃料小売業の販売額について対数をとる理由は，図 3.5 からわかるように，過去から最近までに販売額の規模は大きく変化しており，季節変動の規模もそれに応じて変化しているためである．季節変動が販売額に比例して変化している場合，販売額の対数をとることで季節変動の高低差は一定となり，季節成分の推定および予測が安定する．また，販売額とガソリン単価の関係式が式 (3.84) より $y_t \propto g_t^{\beta_t}$ となるが，これはガソリン単価

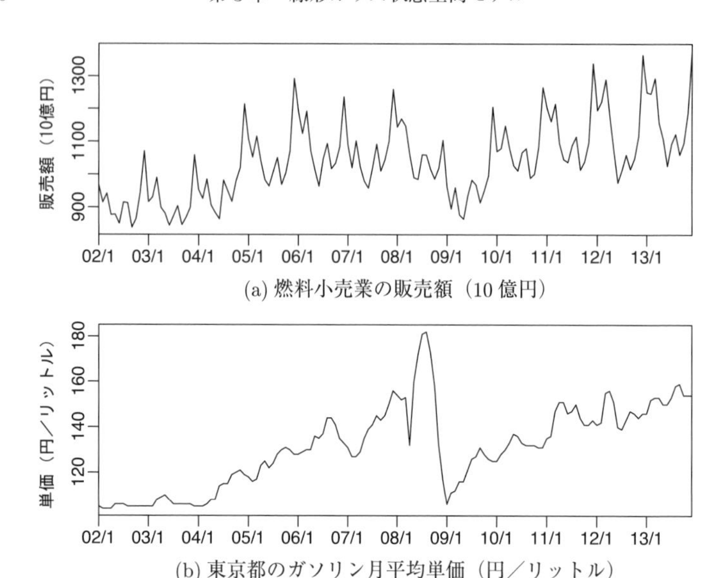

(a) 燃料小売業の販売額（10億円）

(b) 東京都のガソリン月平均単価（円／リットル）

図 3.5 燃料小売業の販売額と東京都のガソリン平均単価の月次推移

g_t が 1.01 倍すなわち 1% 増加すると，販売額が $1.01^{\beta_t} \approx 1 + 0.01\beta_t$ 倍すなわち約 β_t% 増加することを意味している．このような β_t の値は，ガソリン単価に対する販売額の**感応度**（sensitivity）または価格弾力性と呼ばれ，両者の変化率における関係を表す指標となっている．

モデル式 (3.83) を仮定し，1 次のトレンド成分モデルと固定変動の季節成分モデルを適用して解析を行う．以下の解析コードでは，回帰係数 β_t を時間的に変化させる場合と固定する場合の 2 通りの解析を行っている．回帰係数を時間的に変化させる場合には，`SSModel` のモデル式内で関数 `SSMregression` により回帰成分を定義する．最初の引数で回帰式を与え，状態撹乱項分散 `Q` は未知 (`NA`) としておく．一方，回帰係数が固定でよい場合は，`SSModel` のモデル式内に直接，説明変数 `log(Gasoline)` を加えることができる．

```
# 回帰係数を時間変化させる場合
modRegression <- SSModel(log(sales$Fuel) ~ SSMtrend(1, Q = NA)
  + SSMseasonal(12, sea.type="dummy")
  + SSMregression(~ log(Gasoline), Q = NA), H = NA)
fitRegression <- fitSSM(modRegression, numeric(3), method = "BFGS")
```

```
kfsRegression <- KFS(fitRegression$model)
# 回帰係数を固定する場合
modRegression0 <- SSModel(log(sales$Fuel) ~ SSMtrend(1, Q = NA)
  + SSMseasonal(12, sea.type="dummy")
  + log(Gasoline), H = NA)
fitRegression0 <- fitSSM(modRegression0, numeric(2), method = "BFGS")
kfsRegression0 <- KFS(fitRegression0$model)
```

解析結果から AIC を求めると，回帰係数を時間変化させたモデルでは −489.5，固定したモデルでは −486.3 となった．一方で，回帰成分を入れないモデルの AIC は −481.4 であるため，回帰成分を入れることで AIC は改善されている．ここで，各モデルで求めた平滑化状態の水準成分および回帰成分の推移を図 3.6 に示した．

図 3.6 の左側は回帰係数を時間変化させるモデルによる状態平滑化の結果で，(a) の水準成分は全く時間変化せず，代わりに (b) の回帰係数が販売額に連動して動いている．一方で，図 3.6 右側の回帰係数を固定したモデルによる状態平滑化の結果では，(b) の回帰係数が固定された分，(a) の水準成分が販売額に連動して時間変化している．このように回帰係数を

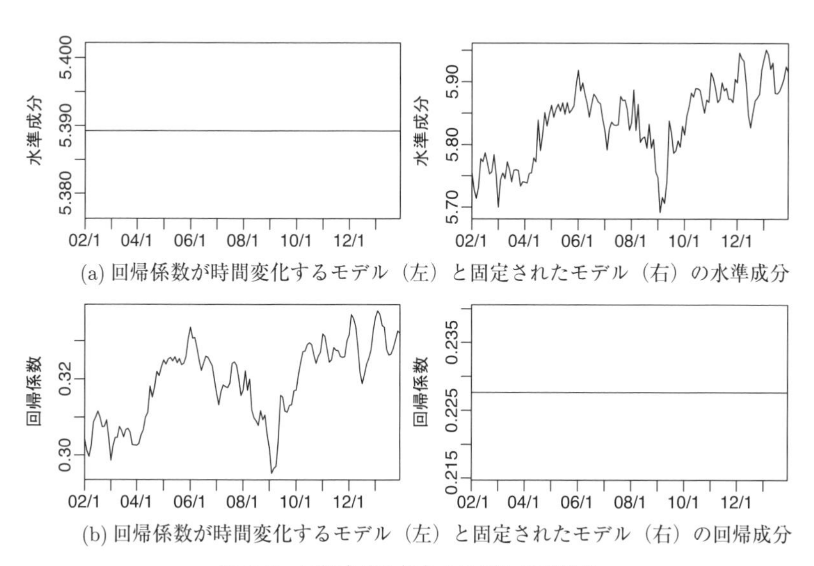

(a) 回帰係数が時間変化するモデル（左）と固定されたモデル（右）の水準成分

(b) 回帰係数が時間変化するモデル（左）と固定されたモデル（右）の回帰成分

図 3.6 回帰成分を加えたモデルの平滑化

変化させるかどうかで両極端な結果が得られ，AICを基準にすると回帰係数を時間変化させた方が少しよいものの，販売額の変動が全て回帰係数の変動によるものとは考えにくく，解釈の観点では回帰係数を固定して水準成分が変動するモデルの方が妥当といえよう．回帰係数を固定したときの推定値は $\beta_t = 0.23$ であり，ガソリン単価の変化に対する販売額の感応度は0.23と推定されたことになる．

例 3.5　カレンダー効果のあるモデル

例3.2と3.3では年周期の変動を季節成分で表し，年々変化する季節変動を推定または予測してきたが，年ごとに季節変動が変わる要因の中には，月の日数あるいは曜日の違いによる変動効果がある．特に，販売額のような経済時系列では営業日数（休日数）やうるう年による日数の違いが主な変動要因となることが多く，また小売業の多くは曜日によって販売額に差があるため，30日あるいは31日ある月の月次販売額は平日や土日が何回訪れるかに影響を受けると考えられる．一般に，曜日や祝日，日数などによる時系列への影響は**カレンダー効果**（calender effect）と呼ばれ，その中でも特に，うるう年の2月に日数が増えることによる影響は**うるう年効果**（leap year effect），曜日の数の違いによる影響は**曜日効果**（trading-day effect）などと呼ばれる．

カレンダー効果を状態空間モデルに取り入れるには，通常は回帰成分が用いられる．うるう年効果については，うるう年の2月は1，他の月には0をとるダミー変数を用意して，その回帰係数 β_{leap} を状態成分として推定すればよい．曜日効果については，時点 t の月において月曜日から日曜日までがそれぞれ訪れる回数 $\delta^*_{t1}, \ldots, \delta^*_{t7}$ を用いて

$$\delta_t = \sum_{i=1}^{7} \beta_i \delta^*_{ti}$$

で表されるものと仮定する．ただし，β_i は i 番目の曜日の増減が観測値に及ぼす影響を表す係数である．ここで季節成分と同様に，曜日効果の合計がゼロになるという制約条件 $\sum_{i=1}^{7} \beta_i = 0$ を設けると，最終曜日の効

果が $\beta_7 = -\sum_{i=1}^{6} \beta_i$ と表されるので，曜日効果は実際には $\beta_1, \ldots, \beta_6$ だけを用いて

$$\delta_t = \sum_{i=1}^{6} \beta_i(\delta_{ti}^* - \delta_{t7}^*) = \sum_{i=1}^{6} \beta_i \delta_{ti}$$

と表現できる．$\delta_{ti} = \delta_{ti}^* - \delta_{t7}^*$ は各曜日の数から日曜日の数を引いたものであり，δ_{ti}^* が 4 または 5 の値をとるため，δ_{ti} は $-1, 0, 1$ のいずれかの値をとる．あとは，$\beta_1, \ldots, \beta_6$ を回帰成分として状態空間モデルの中で推定すればよい．

例 3.2，3.3 と同じ織物衣服小売業の月次販売額データに対して，2 次のトレンド成分モデル + 固定変動の季節成分モデルに曜日効果項とうるう年効果項を加えたモデルを適用する．ここでは，各回帰成分 $\beta_{leap}, \beta_1, \ldots, \beta_6$ は時間的に固定，すなわち状態撹乱項分散ゼロとして推定する．

R の解析コード例を下記に示す．各月の曜日集計では，変数 dates に期間内の各日付を Date 型でもたせて，関数 weekdays で曜日を判定し，関数 substr で抜き出した年月ごとに集計している．回帰成分の定義のしかたは例 3.4 と同じであり，ここではうるう年効果と曜日効果にかかる 2 種類の説明変数 leapyear，calender を加えている．

```
# 各月の曜日集計
dates <- seq(as.Date("2002-01-01"), as.Date("2013-12-31"), by = 1)
weeks <- table(substr(dates,1,7), weekdays(dates, T))
sun <- weeks[,"日"]
mon <- weeks[,"月"]-sun; tue <- weeks[,"火"]-sun; wed <- weeks[,"水"]-sun
thu <- weeks[,"木"]-sun; fry <- weeks[,"金"]-sun; sat <- weeks[,"土"]-sun
calendar   <- cbind(mon, tue, wed, thu, fry, sat)
# うるう年２月のダミー変数
leapyear   <- rownames(weeks) %in% c("2004-02","2008-02","2012-02")
# カレンダー効果 (曜日・うるう年) のあるモデル
modCalender <- SSModel(sales$Fabric ~
  SSMtrend(2, Q = c(list(0), list(NA)))
  + SSMseasonal(12, sea.type="dummy")
  + leapyear + calendar, H = NA)
fitCalender <- fitSSM(modCalender, numeric(2), method = "BFGS")
kfsCalender <- KFS(fitCalender$model)
```

表 3.5　うるう年効果と日曜を基準とした曜日効果の推定結果

うるう年	月曜日	火曜日	水曜日	木曜日	金曜日	土曜日
21.8	2.7	−12.1	1.7	−10.6	7.9	4.4

表3.5に，各回帰係数を回帰成分の状態平滑化により推定した結果を示した．うるう年効果は21.8億円であり，解析期間中の2月の1日当たり販売額26.4億円に近い合理的な推定値となったが，標準誤差すなわち平滑化状態分散の平方根は16.2億円となり，推定値の信頼性は十分でない．また，曜日効果については，火曜日と木曜日が大きな負の効果，週末の曜日が比較的大きな正の効果と推定された．各曜日効果の標準誤差はおよそ5.4億円であり，少なくとも火・木曜日と金・土曜日との差は有意である．水曜日が日曜日を基準にして正の効果となる理由には，多くの企業が水曜日にノー残業デー制度をとっている影響などが考えられるが，前後の曜日に負の効果が吸収されて推定されている可能性もある．もし曜日ごとの販売額データがとれるのであれば，そのデータを曜日効果に反映させることも検討すべきであろう．

最後に，推定結果を用いて季節成分にうるう年効果と曜日効果を合わせた季節変動を図3.7に示した．季節成分は固定変動としているため，季節変動の年々の変化は曜日効果とうるう年効果のみによるにも関わらず，図3.2，3.4の季節変動とよく似た変化が捉えられていることがわかる．

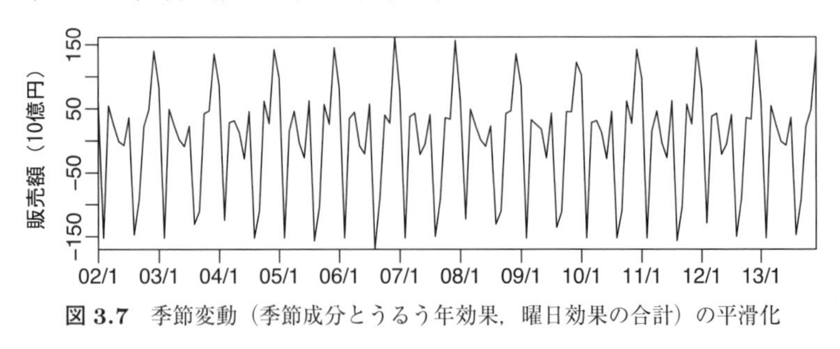

図 3.7　季節変動（季節成分とうるう年効果，曜日効果の合計）の平滑化

例 3.6　外れ値と構造変化の検討

ここでは図3.8に示す機械器具小売業の販売額を用いて，基本構造時系

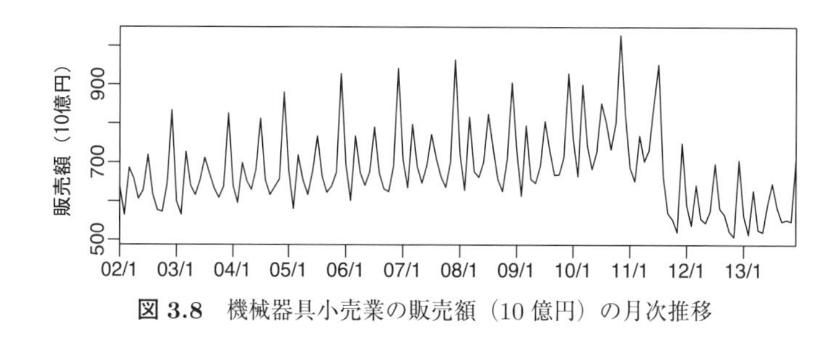

図 3.8 機械器具小売業の販売額（10 億円）の月次推移

列モデルの補助残差から検出された外れ値と構造変化への対処例を示す.

例 3.4 と同様に，季節変動の幅が販売額の規模に比例して変化しているため図 3.9(a) に示した販売額の対数系列を時系列として用いて，まずは 1 次のトレンド成分モデルとダミー変数型の季節成分モデルによる基本構造時系列モデルを適用した.

外れ値および変化点を特定するためには，3.2.7 項の式 (3.52) で定義した補助残差 $\hat{\varepsilon}_t^s, \hat{\eta}_t^s$ から，絶対値の大きい値を検出すればよい．図 3.9(b)

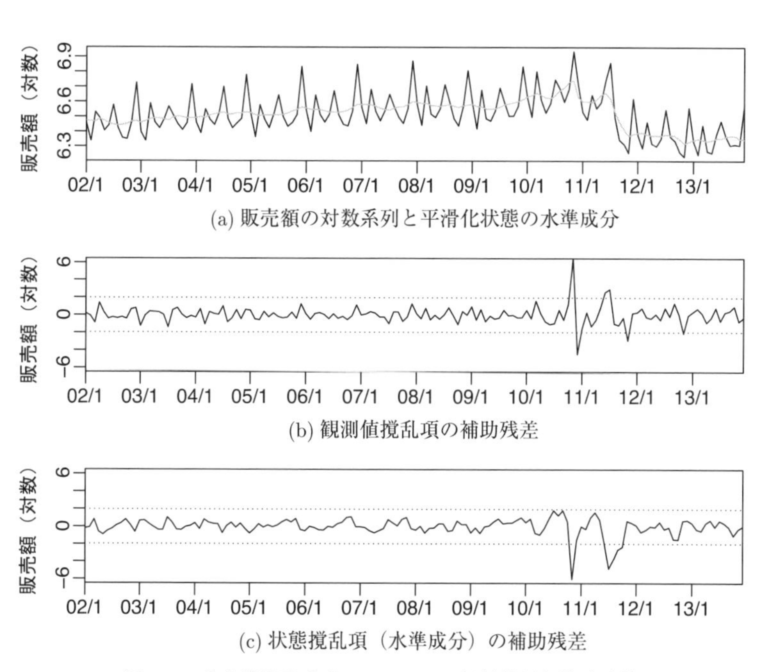

図 3.9 基本構造時系列モデルによる解析結果と補助残差

の観測値撹乱項の補助残差を見ると，2010年11，12月に正負のスパイクがあり，また2011年でも6月から11月にかけて残差の絶対値が大きい．図3.9(c)に示した水準成分の状態撹乱項の補助残差も，同じ時期に絶対値が相対的に大きくなっており，当該時期に外れ値または構造変化があったことを示唆している．

上記の原因となった事象としては，2010年12月の家電エコポイント付与制度の変更と，2011年7月下旬の地上アナログテレビ放送停波が挙げられる．図3.9(a)の販売額推移と対比すると，前者は2010年11月の駆け込み需要による販売増とその翌月の反動減，後者は2011年8月以降の販売額の急減の要因と見られるが，灰色線で示された平滑化状態の水準成分はそれらの急激な変化に十分に対応できていない．また，両者の影響のしかたには違いが見られ，前者の増減は一時的ですぐに元の水準に戻っているのに対し，後者は2011年8月以降ずっと減少した水準が続いている様子が見てとれる．そこで，2010年11，12月の異常な増減については外れ値として除外し，2011年8月以降の急減については8月を変化点とする構造変化としてモデルに組み込むことを考える．

状態空間モデルでは，ある変化点以降の構造変化を**干渉変数**（intervention variables）と呼ばれるダミー変数 w_t とその回帰係数 β_w を用いて表現することができる．干渉変数 w_t は，構造変化させたい状態成分に応じてとり方を決めることとなる．例えば水準成分を時点 τ において変化させる水準シフト干渉変数は

$$w_t = \begin{cases} 0, & t < \tau, \\ 1, & t \geq \tau \end{cases} \tag{3.85}$$

と定義され，また2次以上のトレンド成分モデルにおいて傾きを変化させる傾きシフト干渉変数は

$$w_t = \begin{cases} 0, & t < \tau, \\ 1 + t - \tau, & t \geq \tau \end{cases}$$

と定義できる．他にも季節成分や回帰係数の構造変化を表す干渉変数も同

様の考え方で干渉変数として定義して観測方程式に取り入れることができる．干渉変数に対する回帰係数 β_w は回帰成分として状態に含まれるが，干渉変数は単独の時点である変化点における構造変化を表現するのが目的であるため，通常 β_w には状態撹乱項を加えず時間的に固定とされる．

図 3.9 で結果を示した基本構造時系列モデルに対して，式 (3.85) の水準シフト干渉変数を加えたモデルで再度解析する．解析コード例は以下のとおりである．補助残差に必要な平滑化撹乱項を得るには，関数 KFS を適用するときに引数 smoothing に"disturbance"を指定する必要があり，ここでは smoothing に指定できる全ての要素を入れている．補助残差の算出には関数 rstandard が利用でき，第二の引数に"pearson"を指定すると観測値撹乱項の補助残差を，"state"を指定すると状態撹乱項の補助残差を得ることができる．

```
# 2010 年 11 月, 12 月のデータを除外
salesNA <- sales$Machinery
salesNA[sales$month %in% c("2010 年 11 月","2010 年 12 月")] <- NA
# 2011 年 8 月以降の水準シフト干渉変数の定義
ShiftLevel <- (1:nrow(sales) >= which(sales$month=="2011 年 8 月"))
# 水準シフト干渉変数を加えたモデル
modShift <- SSModel(log(salesNA) ~ SSMtrend(1, Q = NA)
  + SSMseasonal(12, Q = NA, sea.type="dummy")
  + ShiftLevel, H = NA)
fitShift <- fitSSM(modShift, numeric(3))
kfsShift <- KFS(fitShift$model, smoothing=c("state","mean",
  "disturbance"))
# 補助残差のプロット例
plot(rstandard(kfsShift, "pearson"))   # 観測値撹乱項
plot(rstandard(kfsShift, "state")[,1]) # 状態撹乱項 (水準成分)
```

解析の結果得られた AIC は -364.6 であり，水準シフトを加えないモデルの AIC-337.6 に比べてはるかに良い．また，水準シフトを加えたモデルの平滑化状態と補助残差を図 3.10 に示した．図 3.10 の補助残差は，図 3.9 の補助残差に比べてかなり小さくなり，当てはまりが改善していることがわかる．図 3.10(b) に示した観測値撹乱項の補助残差では，欠測値とした 2010 年 11 月，12 月が抜けており，それら欠測値の予測値と

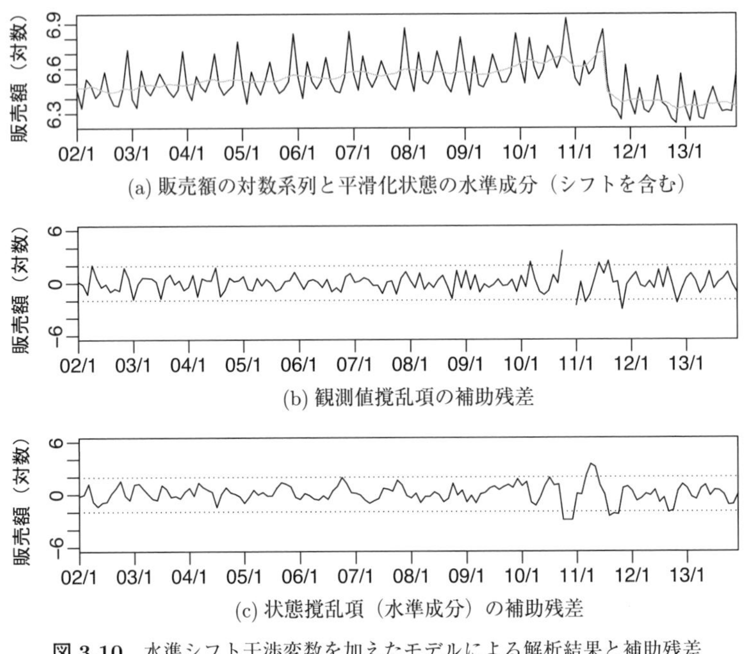

図 3.10　水準シフト干渉変数を加えたモデルによる解析結果と補助残差

実際の観測値との差を求めるとそれぞれ 0.320，-0.167 となる．これらは対数の差であるため指数をとれば，2010 年 11 月，12 月の特殊要因によるおおよその影響がそれぞれ $\exp(0.320) = 1.38$ 倍すなわち 38% 増，$\exp(-0.167) = 0.85$ 倍すなわち 15% 減となって現れたと解釈できる．ただし，特殊要因の影響はその前後の月にも及んでいる可能性があるため，どの期間までを欠測値とおくかについて検討が必要であろう．

また，図 3.10(a) に灰色線で示した各時点の水準の平滑化推定値は，水準シフトを加えたことで 2011 年 8 月を境にした変化がはっきりと見えるようになった．水準シフトの係数 β_w の推定値は -0.270 であり，上記と同様に指数をとれば，2011 年 8 月以降の特殊要因による影響が $\exp(-0.270) = 0.76$ 倍すなわち 24% 減と推定されたことになる．また係数 β_w の 95% 信頼区間は $(-0.342, -0.198)$ であり，2011 年 8 月の水準シフトが有意であることも確かめられる．

3.3.5 多変量時系列モデル

ここまでのモデルは，簡単のため $y_1, \ldots, y_n$ を単変量時系列として議論を進めてきた．ここでは，単変量時系列に対して構築した状態空間モデルを，自然に多変量時系列のモデルへと拡張する方法を解説する．

p 本の単変量時系列 $y_{1t}, \ldots, y_{pt}$，$t = 1, \ldots, n$ があり，それぞれ次式の状態空間モデルに従うと仮定する．

$$
\begin{aligned}
y_{jt} &= Z_{jt}\alpha_{jt} + \varepsilon_{jt}, & \varepsilon_{jt} &\sim N(0, H_{jt}), \\
\alpha_{j,t+1} &= T_{jt}\alpha_{jt} + R_{jt}\eta_{jt}, & \eta_{jt} &\sim N(0, Q_{jt}), \\
& & \alpha_{j1} &\sim N(a_{j1}, P_{j1}),
\end{aligned}
\quad
\begin{aligned}
j &= 1, \ldots, p, \\
t &= 1, \ldots, n.
\end{aligned}
$$

この p 個の観測値を時点ごとにまとめた p 変量時系列を $y_t = (y_{1t}, \ldots, y_{pt})'$ と定義すると，状態空間モデル式 (3.1) の係数行列を次のように定めることで，一つの状態空間モデルで表すことができる．

$$
Z_t = \begin{pmatrix} Z_{1t} & & O \\ & \ddots & \\ O & & Z_{pt} \end{pmatrix}, \quad T_t = \begin{pmatrix} T_{1t} & & O \\ & \ddots & \\ O & & T_{pt} \end{pmatrix}, \; R_t = \begin{pmatrix} R_{1t} & & O \\ & \ddots & \\ O & & R_{pt} \end{pmatrix}. \tag{3.86}
$$

このとき，撹乱項分散 H_t, Q_t と初期状態分散 P_1 も式 (3.86) と同様にブロック対角行列として定義すると，観測ベクトル y_t の各成分は系統的に独立となるため，成分ごとに単変量時系列として扱うのと何ら変わらず多変量時系列にする意味はない．しかし，撹乱項分散 H_t, Q_t について次のように定めることで，成分間に相関をもたせることができる．

$$
H_t = \begin{pmatrix} H_{11t} & \cdots & H_{1pt} \\ \vdots & & \vdots \\ H_{p1t} & \cdots & H_{ppt} \end{pmatrix}, \quad Q_t = \begin{pmatrix} Q_{11t} & \cdots & Q_{1pt} \\ \vdots & & \vdots \\ Q_{p1t} & \cdots & Q_{ppt} \end{pmatrix}.
$$

ここで初期分布については，状態方程式を十分な期間にわたり遷移させて得られる状態の定常分布などを用いればよい．このようなモデルは，観測方程式および状態方程式自体には成分間の関係が表れないにも関わらず，状態の撹乱あるいは観測誤差を通じて成分間の関係が生ずることから，**一見無関係な時系列方程式モデル**（SUTSE model: seemingly unrelated time seris equations model）と呼ばれる．

なお，撹乱項分散行列 H_t, Q_t の各要素はどんな値もとれるわけではなく，分散行列として対称かつ半正定値でなければならないという制約がある．H_t, Q_t を正定値対称行列として推定したい場合，1.1.3 項の式 (1.10) に述べたコレスキー分解により $H_t = U_t' U_t$，$Q_t = V_t' V_t$ と上三角行列 U_t, V_t を用いて表現し，対角成分が全て正値かつ対角成分より下の要素が全てゼロという単純な制約下で U_t, V_t を推定すればよい．

例 3.7　2 変量ローカルレベルモデルによる欠測値の補間

多変量状態空間モデルの簡単な例として，2 変量ローカルレベルモデルの解析例を示す．第 2 章の解析例では体重の単変量時系列を用いてきたが，実際には体重計測と同時に図 3.11(a) に示された体脂肪率の計測値も得られている．そこで，体脂肪率 y_{1t} と体重 y_{2t} による 2 変量の観測値ベクトル $y_t = (y_{1t}, y_{2t})'$ に対して，各要素の水準を表す 2 変量状態ベクトル $\alpha_t = (\alpha_{1t}, \alpha_{2t})'$ を用意した次の 2 変量ローカルレベルモデルを当てはめる．

$$y_t = \alpha_t + \varepsilon_t,\ \ \varepsilon_t \sim N\left(0, H = \begin{pmatrix} H_{11} & H_{12} \\ H_{21} & H_{22} \end{pmatrix}\right),$$

$$\alpha_{t+1} = \alpha_t + \eta_t,\ \ \eta_t \sim N\left(0, Q = \begin{pmatrix} Q_{11} & Q_{12} \\ Q_{21} & Q_{22} \end{pmatrix}\right).$$

ここで，各撹乱項ベクトル $\varepsilon_t = (\varepsilon_{1t}, \varepsilon_{2t})', \eta_t = (\eta_{1t}, \eta_{2t})'$ は異なる時点間で互いに独立であるが，同時点の二つの要素間には H, Q の非対角成分により定まる相関関係があり，一見無関係な時系列方程式（SUTSE）モデルとなっている．なお，初期状態に関しては散漫初期化 $P_{1,\infty} = I_2$，$P_{1,*} = O$ を適用する．

このモデルによる解析コード例を以下に示す．データには，第 2 章で

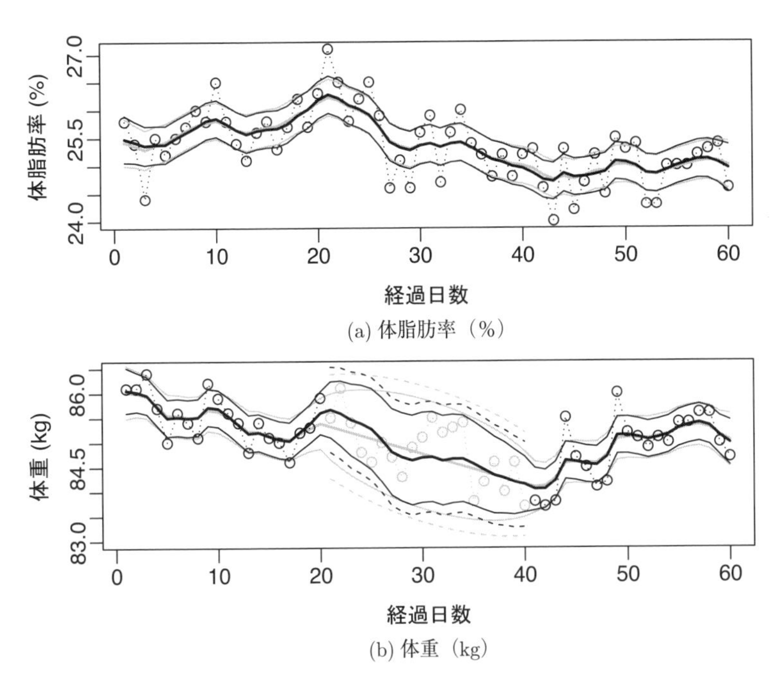

(a) 体脂肪率（%）

(b) 体重（kg）

図 3.11　体脂肪率と体重の 2 変量時系列に対する平滑化と欠測値の補間

も用いた欠測値を含む体脂肪率データと体重データをまとめた 2 変量時系列を用いる．2 変量ローカルレベルモデルは単変量の場合と同様に関数 `SSMtrend` で定義することができるが，多変量の場合には引数 `type` に水準成分を要素ごとに別々に与える（`"distinct"`）か全要素に共通の水準成分を与える（`"common"`）かを指定することができる．また，撹乱項分散 H, Q には 2×2 行列を指定することとなるが，非対角成分をもつ正定値対称行列として推定するには行列の全成分を `NA` に指定することで，内部でコレスキー分解を用いた推定を行ってくれる．2×2 行列をコレスキー分解したときの上三角行列は三つの非ゼロ成分をもつため，初期値には Q と H にそれぞれ三つの数値を与える必要がある．なお，非対角成分をゼロとして推定したい場合には，非対角成分はゼロとして対角成分のみ `NA` とおけばよい．

```
modSUTSE <- SSModel(cbind(WeightNA, Bodyfat) ~
  SSMtrend(1, Q = matrix(NA,2,2), type = "distinct"), H = matrix(NA,2,2))
```

```
fitSUTSE <- fitSSM(modSUTSE, numeric(6), method="BFGS")
kfsSUTSE <- KFS(fitSUTSE$model)
```

上記により撹乱項分散行列 H, Q を推定した結果，次の推定値が得られる．

$$H = \begin{pmatrix} 0.1901 & 0.0554 \\ 0.0554 & 0.1561 \end{pmatrix}, \quad Q = \begin{pmatrix} 0.0385 & 0.0337 \\ 0.0337 & 0.0760 \end{pmatrix}.$$

この分散行列から撹乱項における体脂肪率と体重との相関係数を求めると，観測値撹乱項に関しては $0.0554/\sqrt{0.1901 \times 0.1561} = 0.321$ と弱い相関があり，状態撹乱項に関しては $0.0337/\sqrt{0.0385 \times 0.0760} = 0.622$ と比較的強い相関をもつことがわかる．

また，状態平滑化により得られた平滑化状態と欠測値の予測区間を図3.11に示している．図中の黒線は2変量ローカルレベルモデル，灰色線は体重と体脂肪率に別個に単変量ローカルレベルモデルを当てはめた結果を表している．図3.11(a)の体脂肪率に対する平滑化状態には大きな差はないが，体重と体脂肪率の変動と誤差に相関をもたせたことによる若干の差が見られる．一方で，図3.11(b)の体重データは時点21から40の間を欠測としているが，欠測値の補間の様子が両者で大きく異なっているのがわかる．灰色線の単変量モデルによる補間は直線的であるのに対し，黒線の2変量モデルによる補間は体脂肪率の変動との相関により体脂肪率と一定の連動を見せており，本来得られるはずだった観測値にもより近い動きをしている．また，上下の細線で示された平滑化状態の信頼区間と，欠測期間において上下の破線で示された欠測値の予測区間について見ると，2変量モデルの方が区間幅が狭いため推定および予測の精度が若干高いことがわかる．このように，互いに相関のある時系列を多変量モデルで解析することで，両者の補間および予測を改善することができる．

第4章

線形非ガウス状態空間モデル

4.1 はじめに

本章では，前章の線形ガウス状態空間モデル (3.1) について，次式のように観測方程式の代わりに正規分布以外の観測モデルへと拡張した線形非ガウス状態空間モデルを扱う．

$$\begin{aligned} &p(y_t|\alpha_1,\ldots,\alpha_t,y_1,\ldots,y_{t-1}) = p(y_t|Z_t\alpha_t), \\ &\alpha_{t+1} = T_t\alpha_t + R_t\eta_t, \quad \eta_t \sim N(0,Q_t), \qquad t=1,\ldots,n. \\ &\qquad\qquad \alpha_1 \sim N(a_1,P_1), \end{aligned} \tag{4.1}$$

ただし $p(y_t|Z_t\alpha_t)$ は信号 $\theta_t = Z_t\alpha_t$ をパラメータとする確率（密度）関数である．$p(y_t|Z_t\alpha_t)$ を平均 θ_t，分散 H の多変量正規分布とおくと，前章のガウスモデル (3.1) に一致するが，ここでは他の確率分布を想定している．また，ガウスモデル (3.1) では観測値撹乱項 $\varepsilon_1,\ldots,\varepsilon_n$ の独立性を仮定したが，非ガウスモデル (4.1) でも同様に各時点の観測の独立性を

$$p(y|\alpha_1,\ldots,\alpha_n) = \prod_{t=1}^{n} p(y_t|\theta_t) \tag{4.2}$$

として仮定する．さらに簡単のため，$y_t = (y_{1t},\ldots,y_{p_t,t})$ が多変量時系列である場合には，各成分の独立性を

$$p(y_t|\theta_t) = \prod_{j=1}^{p_t} p(y_{jt}|\theta_{jt}) \tag{4.3}$$

のように仮定しておく．観測値の各成分に対する確率分布 $p(y_{jt}|\theta_{jt})$ はそれぞれ異なる種類であってもよい．

モデルは前章のモデル (3.1) に対して観測値の分布に正規分布以外の選択肢を加えただけであり，次章で扱う非線形非ガウスモデルに比べるとまだモデルの制約が強く感じられる．しかし，ガンマ分布のような左右非対称な連続分布や，ポアソン分布や正規分布などの離散分布を用いることで，応用するデータの種類を大幅に広げることができる．特に，信号 $\theta_t = Z_t\alpha_t$ を Z_t に説明変数も含んだ**線形予測子**（linear predictor）と捉え，線形予測子を観測値 y_t の期待値に関わるパラメータ μ_t と**リンク関数**（link function）$l(\mu_t) = \theta_t$ により対応させると，モデルは一般化線形モデルの切片と係数が動的に変化する**動的一般化線形モデル**（dynamic generalized linear model）とみることができる．広範な一般化線形モデルの実用例に対して，モデル構造の時間的変化を考慮して増減分析と予測を行えるようになるのが，本章のモデルの最大の利点であるといえる．

R パッケージ KFAS が扱える観測値の確率分布は，指数型分布族と呼ばれる種類の確率分布のうち，正規分布も含めた以下の5種類に限られる．本章での解説も指数型分布族を想定して進めていくが，モデル (4.1) は例えば t 分布などの指数型分布族以外の分布にも適用できる．

1. 正規分布 $p(y_t|\mu_t, u_t) = \dfrac{1}{\sqrt{2\pi u_t}} \exp\left\{-\dfrac{(y_t-\mu_t)^2}{2u_t}\right\}.$

ここでリンク関数は $\theta_t = \mu_t$（恒等リンク関数）であり，u_t は分散パラメータである．このとき $\mathrm{E}(y_t|\theta_t) = \mu_t = \theta_t$，$\mathrm{Var}(y_t|\theta_t) = u_t$ となる．

2. ガンマ分布 $p(y_t|\mu_t, u_t) = \dfrac{y_t^{u_t-1}}{\Gamma(u_t)}\left(\dfrac{u_t}{\mu_t}\right)^{u_t} \exp\left\{-\dfrac{u_t}{\mu_t}y_t\right\},\quad y_t > 0.$

ここでリンク関数は $\theta_t = \log\mu_t$（対数リンク関数）であり，u_t は形状パラメータである．このとき $\mathrm{E}(y_t|\theta_t) = \mu_t = e^{\theta_t}$，$\mathrm{Var}(y_t|\theta_t) =$

$e^{2\theta_t}/u_t$ となる．

3．ポアソン分布　$p(y_t|\mu_t, u_t) = \dfrac{(\mu_t u_t)^{y_t}}{y_t!} e^{-\mu_t u_t}, \quad y_t = 0, 1, \ldots.$

ここでリンク関数は $\theta_t = \log \mu_t$（対数リンク関数）であり，u_t はエクスポージャを表す．このとき $\mathrm{E}(y_t|\theta_t) = \mathrm{Var}(y_t|\theta_t) = \mu_t u_t = e^{\theta_t} u_t$ となる．

4．二項分布　$p(y_t|\mu_t, u_t) = \dbinom{u_t}{y_t} \mu_t^{y_t} (1-\mu_t)^{u_t - y_t}, \quad y_t = 0, 1, \ldots.$

ここでリンク関数は $\theta_t = \mathrm{logit}\ \mu_t = \log\{\mu_t/(1-\mu_t)\}$（ロジットリンク関数）であり，$u_t$ は試行回数を表す．このとき $\mu_t = e^{\theta_t}/(1+e^{\theta_t})$ となり，$\mathrm{E}(y_t|\theta_t) = u_t \mu_t = u_t e^{\theta_t}/(1+e^{\theta_t})$，$\mathrm{Var}(y_t|\theta_t) = u_t \mu_t (1 - \mu_t) = u_t e^{\theta_t}/(1+e^{\theta_t})^2$ となる．

5．負の二項分布

$$p(y_t|\mu_t, u_t) = \binom{u_t + y_t - 1}{y_t} \frac{\mu_t^{y_t} u_t^{u_t}}{(\mu_t + u_t)^{u_t + y_t}}, \quad y_t = 0, 1, \ldots.$$

ここでリンク関数は $\theta_t = \log \mu_t$（対数リンク関数）であり，u_t は拡散パラメータである．このとき $\mathrm{E}(y_t|\theta_t) = \mu_t = e^{\theta_t}$，$\mathrm{Var}(y_t|\theta_t) = e^{\theta_t} + e^{2\theta_t}/u_t$ となる．

線形非ガウスモデル (4.1) の解析手法は大きく 3 段階に分けられる．まず 4.2 節で扱う第一段階では，全観測値 y が与えられた下での全時点の信号 $\theta = (\theta_1', \ldots, \theta_n')'$ の条件付きモード $\hat{\theta} = \arg\max_\theta p(\theta|y)$ を求め，そこからモデル (4.1) を近似する線形ガウスモデルを導出する．条件付きモードは，カルマンフィルタと平滑化を繰り返し適用することで数値解として得られる．続く 4.3 節で扱う第二段階では，全観測値 y が与えられた下での状態の条件付き分布からのシミュレーション・サンプルを，適切な重みを与えたガウス近似モデルからのサンプルとして得るインポータンス・サンプリングと呼ばれる手法を解説する．最後に 4.4 節の第三段階では，シミュレーション・サンプルから求めた標本平均，標本分散やパーセンタイルを用いて，モデルの平滑化や予測，尤度を評価する方法を紹介する．

4.2 条件付きモードとガウス近似モデルの導出

4.2.1 線形ガウスモデルの行列表現

ここではガウス近似のための準備として，線形ガウスモデル (3.1) を時点 t で分けずに一本化した場合のモデル表現を示す．全時点を繋げた観測値と状態を $y = (y_1', \ldots, y_n')', \alpha = (\alpha_1', \ldots, \alpha_n', \alpha_{n+1}')'$ とおくと，モデル (3.1) における状態方程式と観測方程式はそれぞれ，次式のように表せる．

$$
\begin{aligned}
y &= Z\alpha + \varepsilon, & \varepsilon &\sim N(0, H), \\
\alpha &= T(\alpha_1^* + R\eta), & \eta &\sim N(0, Q).
\end{aligned}
\tag{4.4}
$$

ただし

$$
Z = \begin{pmatrix} Z_1 & & O & O \\ & \ddots & & \vdots \\ O & & Z_n & O \end{pmatrix}, \quad \varepsilon = \begin{pmatrix} \varepsilon_1 \\ \vdots \\ \varepsilon_n \end{pmatrix}, \quad H = \begin{pmatrix} H_1 & & O \\ & \ddots & \\ O & & H_n \end{pmatrix},
$$

$$
T = \begin{pmatrix} I_m & O & O & \cdots & O \\ T_1 & I_m & O & & O \\ T_2T_1 & T_2 & I_m & & O \\ \vdots & & & \ddots & \\ T_n \cdots T_3T_2T_1 & T_n \cdots T_3T_2 & T_n \cdots T_3 & \cdots & I_m \end{pmatrix},
\tag{4.5}
$$

$$
\alpha_1^* = \begin{pmatrix} \alpha_1 \\ 0 \\ \vdots \\ 0 \end{pmatrix}, \ R = \begin{pmatrix} O & \cdots & O \\ R_1 & & O \\ & \ddots & \\ O & & R_n \end{pmatrix}, \ \eta = \begin{pmatrix} \eta_1 \\ \vdots \\ \eta_n \end{pmatrix}, \ Q = \begin{pmatrix} Q_1 & & O \\ & \ddots & \\ O & & Q_n \end{pmatrix}
$$

である．このとき，初期状態分布 $\alpha_1 \sim N(a_1, P_1)$ を用いると，全時点の状態 α に対する周辺分布の平均および分散が次式のように求まる．

$$
\begin{aligned}
\mathrm{E}(\alpha) &= Ta_1^*, \\
\mathrm{Var}(\alpha) &= \mathrm{Var}[T(\alpha_1^* - a_1^* + R\eta)] = T(P_1^* + RQR')T'.
\end{aligned}
\tag{4.6}
$$

ただし

$$a_1^* = \begin{pmatrix} a_1 \\ 0 \\ \vdots \\ 0 \end{pmatrix}, \quad P_1^* = \begin{pmatrix} P_1 & O & \cdots & O \\ O & O & & O \\ \vdots & & \ddots & \\ O & O & & O \end{pmatrix} \tag{4.7}$$

である．

ここで，上記の表現を用いて，信号 $\theta = (\theta_1', \ldots, \theta_n')' = Z\alpha$ に関する平滑化平均 $\hat{\theta} = \mathrm{E}(\theta|y)$ を導出することを考える．まず，θ に関する周辺分布の平均および分散は

$$\begin{aligned} \mu &= \mathrm{E}(\theta) = \mathrm{E}(Z\alpha) = ZTa_1^*, \\ \Psi &= \mathrm{Var}(\theta) = \mathrm{Var}(Z\alpha) = ZT(P_1^* + RQR')T'Z' \end{aligned} \tag{4.8}$$

で与えられる．すると，観測値ベクトル y の平均および分散が

$$\mathrm{E}(y) = \mathrm{E}(\theta + \varepsilon) = \mu, \quad \mathrm{Var}(y) = \mathrm{Var}(\theta + \varepsilon) = \Psi + H \tag{4.9}$$

となるので，多変量正規分布の条件付き平均および条件付き分散の結果 (1.21) を用いて，信号 θ の平滑化平均 $\hat{\theta} = \mathrm{E}(\theta|y)$ および平滑化分散 $V_\theta = \mathrm{Var}(\theta|y)$ が

$$\begin{aligned} \hat{\theta} &= \mu + \Psi(\Psi + H)^{-1}(y - \mu) = (\Psi^{-1} + H^{-1})^{-1}(\Psi^{-1}\mu + H^{-1}y), \\ V_\theta &= \Psi - \Psi(\Psi + H)^{-1}\Psi \end{aligned} \tag{4.10}$$

により得られる．ガウスモデルにおいて，平滑化平均 $\hat{\theta} = \mathrm{E}(\theta|y)$ は条件付き分布 $p(\theta|y)$ のモード $\hat{\theta} = \arg\max_\theta p(\theta|y)$ でもあることを注意しておく．ただし実際は，式 (4.10) の行列計算をするよりも，カルマンフィルタ (3.5) と r_t, N_t の後ろ向き漸化式 (3.9) を一通り実行した後，式 (3.12) から求めた平滑化撹乱項 $\hat{\varepsilon}_1, \ldots, \hat{\varepsilon}_n$ を用いて各時点の信号の平滑化平均 $\hat{\theta}_t = y_t - \hat{\varepsilon}_t,\ t = 1, \ldots, n$ を得る方が計算的に効率的である．なお，式 (3.10) または (3.11) から α に対する平滑化状態 $\hat{\alpha} = \mathrm{E}(\alpha|y)$ および平滑化状態誤差分散 $V = \mathrm{Var}(\alpha|y)$ を得ることもできるが，$\hat{\theta}, V_\theta$ を求める上

では必要ない．

4.2.2　信号のモード推定とガウス近似

ここで，式 (4.1) の非ガウスモデルを考え，信号 θ の条件付き分布 $p(\theta|y)$ のモード $\hat{\theta} = \arg\max_\theta p(\theta|y)$ をニュートン・ラフソン法に基づいて求める方法を示す．ニュートン・ラフソン法では，現時点の信号のモード候補 $\tilde{\theta} = (\tilde{\theta}_1', \ldots, \tilde{\theta}_n')'$ から，新たな候補 $\tilde{\theta}^+$ へと次式のように更新していくアルゴリズムである．

$$\tilde{\theta}^+ = \tilde{\theta} - \left[\left. \frac{\partial^2 \log p(\theta|y)}{\partial\theta\partial\theta'} \right|_{\theta=\tilde{\theta}} \right]^{-1} \left. \frac{\partial \log p(\theta|y)}{\partial\theta} \right|_{\theta=\tilde{\theta}}. \tag{4.11}$$

ただし，非ガウスモデルに対して条件付き分布 $p(\theta|y)$ は解析的に求まらないことが多いため，その対数について

$$\log p(\theta|y) = \log p(y|\theta) + \log p(\theta) - \log p(y) \tag{4.12}$$

と表すと，式 (4.12) 右辺の $\log p(y)$ は θ に依存しないので式 (4.11) 内の θ による微分で消えることがわかる．さらに $\log p(\theta)$ については，モデル (4.1) の状態方程式はガウスモデルであるため式 (4.8) より $\theta \sim N(\mu, \Psi)$ となり，ゆえに

$$\log p(\theta) = -\frac{1}{2}(\theta - \mu)'\Psi^{-1}(\theta - \mu) + Const. \tag{4.13}$$

と表される．したがって，式 (4.11) は

$$\begin{aligned}\tilde{\theta}^+ &= \tilde{\theta} - \left[\left. \frac{\partial^2 \log p(y|\theta)}{\partial\theta\partial\theta'} \right|_{\theta=\tilde{\theta}} - \Psi^{-1} \right]^{-1} \left[\left. \frac{\partial \log p(y|\theta)}{\partial\theta} \right|_{\theta=\tilde{\theta}} - \Psi^{-1}(\tilde{\theta} - \mu) \right] \\ &= (\Psi^{-1} + \tilde{H}^{-1})^{-1}(\Psi^{-1}\mu + \tilde{H}^{-1}\tilde{y}) \end{aligned} \tag{4.14}$$

と変形される．ただし，$y_1, \ldots, y_n$ の条件付き独立性 (4.2) から $\log p(y|\theta) = \sum_{t=1}^n \log p(y_t|\theta_t)$ となることを用いて

$$\tilde{H} = -\left[\left. \frac{\partial^2 \log p(y|\theta)}{\partial\theta\partial\theta'} \right|_{\theta=\tilde{\theta}} \right]^{-1} = \begin{pmatrix} \tilde{H}_1 & & O \\ & \ddots & \\ O & & \tilde{H}_n \end{pmatrix},$$

$$\tilde{H}_t = -\left[\left. \frac{\partial^2 \log p(y_t|\theta_t)}{\partial\theta_t\partial\theta_t'} \right|_{\theta_t=\tilde{\theta}_t} \right]^{-1}, \quad t = 1, \ldots, n, \tag{4.15}$$

$$\tilde{y} = \tilde{\theta} + \tilde{H} \left. \frac{\partial p(y|\theta)}{\partial\theta} \right|_{\theta=\tilde{\theta}} = \begin{pmatrix} \tilde{\theta}_1 + \tilde{H}_1 \left. \dfrac{\partial \log p(y_1|\theta_1)}{\partial\theta_1} \right|_{\theta_1=\tilde{\theta}_1} \\ \vdots \\ \tilde{\theta}_n + \tilde{H}_n \left. \dfrac{\partial \log p(y_n|\theta_n)}{\partial\theta_n} \right|_{\theta_n=\tilde{\theta}_n} \end{pmatrix}$$

とおいた．ここで $\tilde{H}$ は，式 (4.5) の H と同じくブロック対角行列であり，式 (4.10) の $\hat{\theta}$ を求める式において $H = \tilde{H}, y = \tilde{y}$ とおくと式 (4.14) に一致することから，モード更新式 (4.14) の $\tilde{\theta}^{+}$ は時点 t の観測値を $\tilde{y}_t = \tilde{\theta}_t + \tilde{H}_t \frac{\partial}{\partial\theta_t} \log p(y_t|\theta_t)|_{\theta_t=\tilde{\theta}_t}$，観測値撹乱項分散を $\tilde{H}_t$ とおいてカルマンフィルタおよび状態平滑化を実行することで得ることができる．なお，$\log p(y_t|\theta_t)$ の 2 階微分から定まる $\tilde{H}_t$ が非正則行列である場合は更新式 (4.14) がそのまま利用できなくなるが，4.1 節の指数型分布族を適用して，さらに成分間の独立性 (4.3) を仮定した下では，$\tilde{H}_t$ は常に正則行列となる．

この更新式 (4.14) を繰り返すことにより，$\tilde{\theta}$ は条件付きモード $\hat{\theta} = \arg\max_\theta p(\theta|y)$ へと収束する．したがって，収束した条件付きモード $\hat{\theta} = (\hat{\theta}_1', \ldots, \hat{\theta}_n')'$ を用いて非ガウスモデル (4.1) の観測方程式を

$$\hat{y}_t = Z_t\alpha_t + \varepsilon_t, \quad \varepsilon_t \sim N(0, \hat{H}_t),$$

$$\hat{H}_t = -\left[\left. \frac{\partial^2 \log p(y_t|\theta_t)}{\partial\theta_t\partial\theta_t'} \right|_{\theta_t=\hat{\theta}_t} \right]^{-1}, \tag{4.16}$$

$$\hat{y}_t = \hat{\theta}_t + \hat{H}_t \left. \frac{\partial \log p(y_t|\theta_t)}{\partial\theta_t} \right|_{\theta_t=\hat{\theta}_t}$$

と置き換えたものが，ガウス近似モデルとなる．

なお，初期状態 α_1 の分布が散漫であり，θ_1 の分散すなわち Ψ の (1,1) 成分が発散する場合には，更新式 (4.14) には修正が必要となるが，実際には通常のカルマンフィルタと平滑化を，散漫なカルマンフィルタと平滑化に代えて更新することで，上述のプロセスと全く同様に $\tilde{\theta}$ を更新してガウス近似モデルを得ることができる．

最後に，信号 θ の条件付きモード $\hat{\theta} = \arg\max_\theta p(\theta|y)$ だけ得ている場合に，状態 α の条件付きモード $\hat{\alpha} = \arg\max_\alpha p(\alpha|y)$ を求める方法を解説する．本章のモデル (4.1) の状態方程式はガウスモデルであるため，$Z\alpha = \theta$ が固定された下での状態 α の条件付き分布は y に依存しない多変量正規分布であり，よって状態 α の条件付き密度を $p(\alpha|y) = p(\alpha|\theta)p(\theta|y)$ と分解できる．ここで，条件付き密度 $p(\alpha|\theta)$ の最大値は条件付き分散 $\mathrm{Var}(\alpha|\theta)$ から定まり，$\mathrm{Var}(\alpha|\theta)$ は式 (1.21) より θ の値に依存しないので定数となる．ゆえに，状態 α の条件付き密度の最大値は $\max_\alpha p(\alpha|y) = p(\hat{\theta}|y)\max_\alpha p(\alpha|\hat{\theta})$ となるので，結局 $Z\alpha = \hat{\theta}$ で固定した $p(\alpha|\hat{\theta})$ の条件付きモード $\hat{\alpha}$ を求めればよく，これは式 (4.16) において $y_t = \hat{\theta}_t, \varepsilon_t = 0$ として状態平滑化を行うことで得ることができる．

4.2.3 指数型分布族に対するガウス近似モデル

上のガウス近似モデルの導出にあたっては，観測値の確率（密度）関数の対数 $\log p(y_t|\theta_t)$ に対する1階微分と2階微分の計算が必要となる．しかし，観測値の分布に次式の形をもつ指数型分布族を仮定すると，微分の計算が容易になる．

$$\log p(y_t|\theta_t) = y_t'\theta_t - b_t(\theta_t) + c_t(y_t). \tag{4.17}$$

このとき，$\theta = \tilde{\theta} = (\tilde{\theta}_1', \ldots, \tilde{\theta}_n')'$ における式 (4.17) の微分は

$$\left.\frac{\partial \log p(y_t|\theta_t)}{\partial \theta_t}\right|_{\theta_t=\tilde{\theta}_t} = y_t - \dot{b}_t, \quad \left.\frac{\partial^2 \log p(y_t|\theta_t)}{\partial \theta_t \partial \theta_t'}\right|_{\theta_t=\tilde{\theta}_t} = -\ddot{b}_t$$

と得られる．ただし

$$\dot{b}_t = \left.\frac{\partial b(\theta_t)}{\partial \theta_t}\right|_{\theta_t=\tilde{\theta}_t}, \quad \ddot{b}_t = \left.\frac{\partial^2 b(\theta_t)}{\partial \theta_t \partial \theta_t'}\right|_{\theta_t=\tilde{\theta}_t} \tag{4.18}$$

表 4.1 指数型分布族の各分布に対する近似ガウスモデルの関数形

分布名	関数	関数形（$c(y_t, u_t)$ は θ_t に依存しない項）
正規分布	$\log p(y_t\|\theta_t, u_t)$	$y_t\theta_t/u_t - \theta_t^2/(2u_t) + c(y_t, u_t)$
	$\tilde{H}_t$	u_t
	$\tilde{y}_t$	y_t
ガンマ分布	$\log p(y_t\|\theta_t, u_t)$	$-y_t u_t e^{-\theta_t} - u_t\theta_t + c(y_t, u_t)$
	$\tilde{H}_t$	$e^{\tilde{\theta}_t}/(y_t u_t)$
	$\tilde{y}_t$	$\tilde{\theta}_t + 1 - e^{-\tilde{\theta}_t}/y_t$
ポアソン分布	$\log p(y_t\|\theta_t, u_t)$	$y_t\theta_t - u_t e^{\theta_t} + c(y_t, u_t)$
	$\tilde{H}_t$	$e^{-\tilde{\theta}_t}/u_t$
	$\tilde{y}_t$	$\tilde{\theta}_t - 1 + \tilde{H}_t y_t$
二項分布	$\log p(y_t\|\theta_t, u_t)$	$y_t\theta_t - u_t \log(u_t + e^{\theta_t}) + c(y_t, u_t)$
	$\tilde{H}_t$	$(1 + e^{\tilde{\theta}_t})^2/(u_t e^{\tilde{\theta}_t})$
	$\tilde{y}_t$	$\tilde{\theta}_t - 1 - e^{\tilde{\theta}_t} + \tilde{H}_t y_t$
負の二項分布	$\log p(y_t\|\theta_t, u_t)$	$y_t\theta_t - (u_t + y_t)\log(1 + e^{\theta_t}) + c(y_t, u_t)$
	$\tilde{H}_t$	$u_t/(u_t + y_t) \times (u_t + e^{\tilde{\theta}_t})^2/e^{\tilde{\theta}_t}$
	$\tilde{y}_t$	$\tilde{\theta}_t - 1 - e^{\tilde{\theta}_t} + \tilde{H}_t y_t$

である．このとき，式 (4.15) の $\tilde{H}_t$ および $\tilde{y}_t$ が

$$\tilde{H}_t = \ddot{b}_t^{-1}, \quad \tilde{y}_t = \tilde{\theta}_t + \ddot{b}_t^{-1} y_t - \ddot{b}_t^{-1}\dot{b}_t \tag{4.19}$$

によって求まり，$\tilde{\theta}$ を更新するためのカルマンフィルタおよび状態平滑化が直ちに実行できる．なお，観測値成分間の独立性 (4.3) を仮定した下で，$\ddot{b}_t$ は常に正則行列となる．4.1 節で紹介した指数型分布族に属する確率分布の中では，ポアソン分布と二項分布はちょうど式 (4.17) の形に表されるが，他の分布はパラメータやリンク関数のとり方の影響で式 (4.17) の形にはならない．表 4.1 に，4.1 節の 5 種類の確率分布に対する $\log p(y_t|\theta_t, u_t)$ と式 (4.19) または (4.15) から定まる $\tilde{H}_t, \tilde{y}_t$ の関数形を示しておく．

4.3 インポータンス・サンプリング

前節では，非ガウス状態空間モデル (4.1) における信号 θ あるいは状態 α の条件付きモードを求める方法と，そこからガウス近似モデルを構築する方法を解説した．条件付きモード $\hat{\theta}$ および $\hat{\alpha}$ も一つの推定量であるの

で，これらを用いることで解析の目的が達せられる場合もあるが，条件付きモードから例えば尤度関数や将来の予測値を求めると大きなバイアスが生じうる．

尤度や将来の予測値は，状態 α に関する期待値をとることで得られる量であり，α の関数 $x(\alpha)$ の条件付き平均 $\mathrm{E}[x(\alpha)|y]$ を推定する問題として一般化される．他にも，推定誤差分散を得るために条件付き分散 $\mathrm{Var}[x(\alpha)|y]$ や，信頼区間あるいは予測区間を得るために関数 $x(\alpha)$ の条件付き分布におけるパーセンタイルが必要となることもある．それらを正確に評価するには関数 $x(\alpha)$ の条件付き分布を特定する必要があるが，本章の非ガウスモデル (4.1) においてこれを解析的に求めることは一般に不可能である．

そこで本節では，状態 α の条件付き分布からシミュレーション・サンプルを生成することで，$x(\alpha)$ の近似的な条件付き分布を得ることを考える．ただし，非ガウスモデル (4.1) における α の条件付き分布 $p(\alpha|y)$ からは直接シミュレーションができないため，代わりに前節で導出した線形ガウス近似モデルの条件付き密度 $g(\alpha|y)$ から状態のサンプル $\alpha^{(1)},\ldots,\alpha^{(N)}$ を生成する．このとき，モデルの近似によるサンプル分布のバイアスを調整するために，各サンプルに元のモデルと近似モデルとの密度比による重みを与える．このようなシミュレーション法は**インポータンス・サンプリング**（importance sampling）と呼ばれ，そこで使われる近似モデルの密度関数は**インポータンス密度**（importance density）と呼ばれる．以降では区別のため，同時密度関数，周辺密度関数および条件付き密度関数について，元の非ガウスモデルにかかる密度関数を p，ガウス近似モデルにかかる密度関数（インポータンス密度）を g で表す．

本節では，まず線形ガウスモデルからシミュレーション・サンプルを生成する方法を示し，そこからサンプルに重みを与えて関数 $x(\alpha)$ の条件付き分布とその特徴量（条件付き平均，条件付き分散，パーセンタイル）を推定する方法を解説する．

4.3.1 線形ガウスモデルからのシミュレーション

線形ガウスモデル (3.1) における条件付き密度 $g(\alpha|y)$ からシミュレーション・サンプル $\alpha^{(1)},\ldots,\alpha^{(N)}$ を得る方法を解説する．線形ガウスモデルからのシミュレーション法はいくつかバリエーションが提案されているが，ここでは最もシンプルな論文 [8] の手法を紹介する．

線形ガウスモデル (3.1) が完全に与えられており，未知パラメータはないものとする．このとき，条件付き密度 $g(\alpha|y)$ の平均 $\hat{\alpha} = \mathrm{E}(\alpha|y) = (\hat{\alpha}_1',\ldots,\hat{\alpha}_n')'$ はカルマンフィルタ (3.5) と状態平滑化漸化式 (3.10) により得られる．一方，条件付き密度 $g(\alpha|y)$ の分散共分散行列 $V = \mathrm{Var}(\alpha|y)$ を完全に特定するには，漸化式 (3.10) からは得られない時点間の共分散行列 $\mathrm{Cov}(\alpha_t,\alpha_s|y)$ を求める必要があり，大きな計算コストを要する．そこで代わりに，分散共分散行列 $V = \mathrm{Var}(\alpha|y)$ が観測値 y の値には依存しないことを利用して，平均からの偏差 $\alpha-\hat{\alpha}$ をサンプリングすることを考える．そのためにはまず，初期状態 α_1 を初期分布 $N(a_1,P_1)$ から，撹乱項 $\varepsilon_1,\ldots,\varepsilon_n,\eta_1,\ldots,\eta_n$ を各々の分布 $N(0,H_1),\ldots,N(0,H_n)$, $N(0,Q_1),\ldots,N(0,Q_n)$ からぞれぞれサンプリングし，得られたサンプルを与えられたモデル式 (3.1) に代入することで状態および観測値のサンプル α^+, y^+ を得る．次に，観測値のサンプル y^+ を用いてカルマンフィルタおよび状態平滑化を用いて平滑化状態 $\hat{\alpha}^+ = \mathrm{E}(\alpha|y^+)$ を求める．ここで，$\alpha^+-\hat{\alpha}^+$ は平均ゼロ，分散共分散行列 $V = \mathrm{Var}(\alpha|y)$ の多変量正規分布からのサンプルとなるので，条件付き密度 $g(\alpha|y)$ からのサンプル $\tilde{\alpha}$ が

$$\tilde{\alpha} = \alpha^+ - \hat{\alpha}^+ + \hat{\alpha} \tag{4.20}$$

によって得られることになる．

上記の手法は初期状態 α_1 が初期分布 $N(a_1,P_1)$ からサンプリング可能であることを前提としている．もし初期分布が散漫である場合には，サンプリングの手順を次のように修正する．まず，与えられた観測値から散漫な状態平滑化により初期状態の平滑化分布 $N(\hat{\alpha}_1,V_1)$ を得て，その分布から初期状態をサンプリングして $\tilde{\alpha}_1$ とおく．あとは，初期状態を散漫な分布から定数 $\alpha_1 = \tilde{\alpha}_1$ に置き換えた上で，上述のサンプリングのプロセ

スを同じように実行することで，全時点の状態のサンプル $\tilde{\alpha}$ を得ることができる．

対照変数

以上で，線形ガウスモデルから平滑化サンプルを得る方法を説明したが，一つのサンプル $\tilde{\alpha}$ を得るために，カルマンフィルタおよび状態平滑化を一通り実行しなければならず計算的にはまだ負荷が大きい．そこで，上述のシミュレーションで得たサンプルを基に，ある種の対称的なサンプルをシミュレーションなしで構成することで，ほぼ計算コストなしにサンプルを倍増させる手段として**対照変数**（antithetic variable）が考案された．ここでは，状態 α のサンプル $\tilde{\alpha}$ の代わりに，状態撹乱項 η のサンプル $\tilde{\eta} = (\tilde{\alpha}_2' - \tilde{\alpha}_1', \ldots, \tilde{\alpha}_{n+1}' - \tilde{\alpha}_n')'$ について，対照変数を構成する2種類の方法を解説する．

一つ目は，正規分布の左右対称性を利用して対照変数を得る方法であり，位置に対する調整と呼ばれる．式(3.12)から得られる状態撹乱項 η の平滑化平均を $\hat{\eta} = \mathrm{E}(\eta|y)$ とおくと，シミュレートされたサンプル $\tilde{\eta}$ とその平均に関する対称値 $\bar{\eta} = \hat{\eta} - (\tilde{\eta} - \hat{\eta})$ は等確率で得られるため，対称値 $\bar{\eta}$ は状態撹乱項の条件付き分布 $p(\eta|y)$ からのサンプルとして用いることができる．この対照変数 $\bar{\eta}$ は元のサンプル $\tilde{\eta}$ は，実際に推定したい関数の標本値 $f(\tilde{\eta}), f(\bar{\eta})$ について多く場合に負の相関をもつため，普通に二つのシミュレーション・サンプルを用いるよりも推定の効率性が増す利点ももっている．

もう一つの対照変数を得る方法は，尺度に対する調整と呼ばれる．$r \times n$ 次元ベクトル $\tilde{\eta}$ をシミュレートするために用いられた，標準正規分布 $N(0, I_{rn})$ からのサンプル・ベクトルを u とおく．このとき $c = u'u$ は自由度 rn のカイ二乗分布 χ^2_{rn} に従うため，c のカイ二乗分布 χ^2_{rn} における上側確率 q に対して，カイ二乗分布 χ^2_{rn} の下側確率が q となる点を $\check{c}$ とおくと，c と $\check{c}$ はカイ二乗分布 χ^2_{rn} に関して対称的であり等確率で得られることがわかる．ゆえに，スケールに関する対照変数として $\check{\eta} = \hat{\eta} + \sqrt{\check{c}/c}(\tilde{\eta} - \hat{\eta})$ が得られる．さらに，位置に対する調整で得られた対照変数

$\bar{\eta}$ についても同様に $\bar{\bar{\eta}} = \hat{\eta} + \sqrt{\check{c}/c}(\bar{\eta} - \hat{\eta}) = \hat{\eta} - \sqrt{\check{c}/c}(\tilde{\eta} - \hat{\eta})$ とおくことで，さらなる対照変数 $\bar{\bar{\eta}}$ を得ることができる．

以上の方法により，一つのサンプル $\tilde{\eta}$ を 4 倍のサンプル $\tilde{\eta}, \bar{\eta}, \check{\eta}, \bar{\bar{\eta}}$ に増やすことができる．上記の考え方を応用すればさらに対照変数を増やすことも可能であるが，大抵の場合は上記の 2 種類の対照変数で十分な計算時間短縮が行える．

4.3.2 条件付き分布の特徴量推定と誤差評価

上のシミュレーション法により得られた線形ガウス近似モデルのインポータンス密度 $g(\alpha|y)$ からのサンプル $\alpha^{(1)}, \ldots, \alpha^{(N)}$ に基づいて，元のモデルの条件付き密度 $p(\alpha|y)$ に関する関数 $x(\alpha)$ の条件付き平均，条件付き分散およびパーセンタイルの推定式を導出する．簡単のため，$x(\alpha)$ はベクトルでない実数値をとる関数とする．

まずは，関数 $x(\alpha)$ の条件付き平均 $\bar{x} = \mathrm{E}[x(\alpha)|y]$ を推定することを考える．インポータンス密度 $g(\alpha|y)$ を用いて，$\bar{x}$ を次のように $\bar{x}$ のインポータンス密度 $g(\alpha|y)$ に関する期待値演算 E_g へと変換する．

$$\bar{x} = \int x(\alpha)p(\alpha|y)d\alpha = \int \left[x(\alpha)\frac{p(\alpha|y)}{g(\alpha|y)} \right] g(\alpha|y)d\alpha = \mathrm{E}_g \left[x(\alpha)\frac{p(\alpha|y)}{g(\alpha|y)} \right]. \tag{4.21}$$

ここで，ベイズの定理 (1.13) から $p(\alpha|y) = p(y|\theta = Z\alpha)p(\alpha)/p(y)$，$g(\alpha|y) = g(y|\theta = Z\alpha)g(\alpha)/g(y)$ となり，近似モデル (4.16) は元のモデル (4.1) と同じ状態方程式をもつため $p(\alpha) = g(\alpha)$ であることから，式 (4.21) はさらに

$$\bar{x} = \mathrm{E}_g \left[x(\alpha)\frac{g(y)}{p(y)}\frac{p(y|\theta)p(\alpha)}{g(y|\theta)g(\alpha)} \right] = \frac{g(y)}{p(y)}\,\mathrm{E}_g \left[x(\alpha)\frac{p(y|\theta)}{g(y|\theta)} \right] \tag{4.22}$$

と置き換えられる．さらに，式 (4.22) で $x(\alpha) = 1$ とおくことで

$$1 = \frac{g(y)}{p(y)}\,\mathrm{E}_g \left[\frac{p(y|\theta)}{g(y|\theta)} \right] \tag{4.23}$$

となるので，式 (4.22) と (4.23) の比をとることで $g(y)/p(y)$ を消すことができ，結局 $\bar{x}$ を

$$\bar{x} = \frac{\mathrm{E}_g[x(\alpha)w(\theta, y)]}{\mathrm{E}_g[w(\theta, y)]} \tag{4.24}$$

により求めることができる．ただし，$w(\theta, y) = p(y|\theta)/g(y|\theta)$ とおいた．

したがって，式 (4.24) の期待値演算 E_g をインポータンス密度 $g(\alpha|y)$ からのサンプル $\alpha^{(1)}, \ldots, \alpha^{(N)}$ によって評価することで，$\bar{x}$ に対するモンテカルロ推定値 $\hat{x}$ が，重み $w_i = w(\theta^{(i)}, y) = p(y|\theta^{(i)})/g(y|\theta^{(i)})$ による $x(\alpha^{(i)})$ の加重平均

$$\hat{x} = \frac{\sum_{i=1}^{N} w_i x(\alpha^{(i)})}{\sum_{i=1}^{N} w_i} \tag{4.25}$$

として得られる．重み w_i の算出に用いられる $p(y|\theta^{(i)})$ と $g(y|\theta^{(i)})$ は，各観測モデル (4.1)，(4.16) から容易に計算することができる．特に $x(\alpha)$ が $\theta = Z\alpha$ のみに依存し $x(\theta)$ と表せるような場合には，4.3.1 項のシミュレーションで $\alpha^{(i)}$ の代わりに $\theta^{(i)} = Z\alpha^{(i)}$ だけ抽出すれば済むため，より効率的に計算することができる．$\hat{x}$ の加重平均に用いられる重み w_i は，インポータンス密度からのサンプル $\alpha^{(i)}$ が，元のモデルにおけるサンプル何個分に相当するかを表すものと解釈するとイメージしやすい．

$x(\alpha)$ の推定誤差分散 $V_x = \mathrm{Var}[x(\alpha)|y] = \mathrm{E}\{[x(\alpha)-\bar{x}]'[x(\alpha)-\bar{x}]|y\}$ についても，同じく重み w_i を用いて次の $\hat{V}_x$ により推定することができる．

$$\hat{V}_x = \frac{\sum_{i=1}^{N}[x(\alpha^{(i)})]^2 w_i}{\sum_{i=1}^{N} w_i} - \hat{x}^2. \tag{4.26}$$

この推定量 $\hat{V}_x$ は不偏推定量にはならず $O(N^{-1})$ のバイアスをもつが，シミュレーション数 N をある程度増やすことができればあまり影響しない．なお，関数 $x(\alpha)$ をベクトル値関数とした場合も，推定量 $\hat{x}$ の算出式 (4.25) は全く変わらず，誤差分散 V_x の算出式 (4.26) も次のように修正して適用できる．

$$\hat{V}_x = \frac{\sum_{i=1}^{N} w_i[x(\alpha^{(i)})]'x(\alpha^{(i)})}{\sum_{i=1}^{N} w_i} - \hat{x}'\hat{x}. \tag{4.27}$$

さらに，$x(\alpha)$ の条件付き分布におけるパーセンタイルも次のようにして推定することができる．重み w_i をサンプル相当数と解釈して $x(\alpha)$ の経験分布関数を

$$\hat{F}_x(x^*|y) = \frac{1}{\sum_{i=1}^{N} w_i} \sum_{i;x(\alpha^{(i)}) \leq x^*} w_i \tag{4.28}$$

によって構成すると，$\hat{F}_x(x^*|y)$ は $x(\alpha)$ の条件付き分布関数 $F_x(x^*|y) = \mathrm{P}[x(\alpha) \leq x^*|y]$ に対する不偏推定量となる．したがって，条件付き分布関数 $F_x(x^*|y)$ の $100k\%$ パーセンタイル $q_x(k)$ は，例えば経験分布関数 $\hat{F}_x(x^*|y)$ を用いて

$$\hat{q}_x(k) = \sup\{x^*|\hat{F}_x(x^*|y) \leq k\} \tag{4.29}$$

のように推定できる．

インポータンス・リサンプリング

以上では，$\alpha^{(1)}, \ldots, \alpha^{(N)}$ は本来抽出したい条件付き密度 $p(\alpha|y)$ からのサンプルではなく，インポータンス密度 $g(\alpha|y)$ を用いた近似的なサンプルであった．しかし，式 (4.28) で得た経験分布関数 $\hat{F}_x(x^*|y)$ から新たにサンプリングをし直すことにより，条件付き密度 $p(\alpha|y)$ に従うサンプル $\tilde{\alpha}^{(1)}, \ldots, \tilde{\alpha}^{(M)}$ を得ることができる．これは $\alpha^{(1)}, \ldots, \alpha^{(N)}$ の値をもつ N 種類のボールが重み $w_1, \ldots, w_N$ の比率の個数だけ入った壷から M 回の復元抽出を行うことに相当し，このような再サンプリング法を**インポータンス・リサンプリング** (importance resampling) と呼ぶ．インポータンス・リサンプリングは，抽出確率の重み付けによって $\alpha^{(i)} \sim g(\alpha|y)$ から $\tilde{\alpha}^{(j)} \sim p(\alpha|y)$ へとサンプルの分布を調整する役割を果たしている．

こうして得た新たなサンプルに対する関数値 $x(\tilde{\alpha}^{(1)}), \ldots, x(\tilde{\alpha}^{(M)})$ を用いれば，$\bar{x}, V_x, q_x$ の推定量を，通常の標本平均と標本分散，順位統計量により簡便に得ることができる．ただし，母集団分布 $\hat{F}_x(x^*|y)$ からのサンプル $\tilde{\alpha}^{(1)}, \ldots, \tilde{\alpha}^{(M)}$ で構成した推定量よりも，母集団分布 $\hat{F}_x(x^*|y)$ そのものから式 (4.25)，(4.26)，(4.29) で得る推定量 $\hat{x}, \hat{V}_x, \hat{q}_x$ の方が推定精度

は当然良くなるため，M を十分に大きくとり両者の推定精度に差が生じない場合を除き，後者の推定量 $\hat{x}, \hat{V}_x, \hat{q}_x$ を用いるべきである．

シミュレーションに起因する誤差

式 (4.25)，(4.26)，(4.29) から得られる推定量 $\hat{x}, \hat{V}_x, \hat{q}_x$ は，期待値演算 E_g あるいは分布関数 F_x をシミュレーション・サンプルで評価したことに伴う近似誤差を含んでいる．1 回のシミュレーションが膨大な計算時間を要し，十分なサンプルサイズ N が確保できない場合には，シミュレーションに起因する推定誤差の分散を評価すべきである．

シミュレーションの誤差分散はサンプルサイズ N に概ね反比例して小さくなるため，適当な N についてシミュレーションを何度か繰り返して複数の推定量を得ることにより，誤差分散を大まかに評価することができる．一方で，シミュレーションを行わずに解析的に誤差分散を評価することもできる．例えば，推定量 $\hat{x}$ のシミュレーションに起因する誤差は，式 (4.25) より

$$\hat{x} - \bar{x} = \frac{\sum_{i=1}^{N} w_i [x(\alpha^{(i)}) - \bar{x}]}{\sum_{i=1}^{N} w_i}$$

となるため，この分散を次式のように近似的に評価することができる．

$$\mathrm{Var}(\hat{x}) \approx \frac{\mathrm{E}_g\{[w(\theta, y)]^2 [x(\alpha) - \bar{x}]^2\}}{N\,\mathrm{E}_g\{[w(\theta, y)]^2\}} \approx \frac{1}{N} \frac{\sum_{i=1}^{N} w_i^2 [x(\alpha^{(i)}) - \bar{x}]^2}{(\sum_{i=1}^{N} w_i)^2}.$$

さらに，4.3.1 項で紹介した 2 種類の対照変数により各サンプル $\alpha^{(i)}$ を四つのサンプル $\alpha^{(i1)}, \alpha^{(i2)}, \alpha^{(i3)}, \alpha^{(i4)}$ に増やした場合を考える．このとき，$v_i = \sum_{j=1}^{4} w(\theta^{(ij)}, y)[x(\alpha^{(ij)}) - \hat{x}]$ とおいて推定量の誤差分散を，

$$\mathrm{Var}(\hat{x}) \approx \frac{1}{N} \frac{\sum_{i=1}^{N} v_i^2}{(4 \sum_{i=1}^{N} w_i)^2}$$

により評価することができる．この誤差分散は，対照変数を使わずにサンプルサイズを単純に $4N$ に増やした場合の誤差分散よりも小さくなり，

対照変数を用いることでシミュレーションの推定精度は大きく高まる．このように対照変数は，分散減少法と呼ばれるモンテカルロ積分の計算効率化手法の一種となっている．

4.4 線形非ガウスモデルの解析手法

本節では，前節で解説したインポータンス・サンプリングを用いて，具体的に線形非ガウスモデル (4.1) を解析する方法を示す．

4.4.1 状態平滑化とフィルタリング

4.3 節のインポータンス・サンプリングで $x(\alpha) = \alpha$ とおけば，式 (4.25) はそのまま平滑化状態 $\hat{\alpha} = \mathrm{E}(\alpha|y)$ の推定値を与えてくれることがわかる．また，$x(\alpha) = \alpha_t$ とおいて，式 (4.27) を適用すれば平滑化状態分散 $V_t = \mathrm{Var}(\alpha_t|y)$ も評価できる．さらに，状態撹乱項 $\eta_t = \alpha_{t+1} - \alpha_t$ の平滑化平均 $\hat{\varepsilon}_t$ および平滑化分散 $\mathrm{Var}(\eta_t|y)$ についても，$x(\alpha) = \alpha_{t+1} - \alpha_t$ とおいて同様に推定できる．したがって，インポータンス密度 $g(\alpha|y)$ からのシミュレーション・サンプル $\alpha^{(1)}, \ldots, \alpha^{(N)}$ とその重み $w_1, \ldots, w_N$ が得られた時点で，状態平滑化は計算量的にほぼ完了しているといえる．

一方で，フィルタ化推定量 $a_{t|t} = \mathrm{E}(\alpha_t|Y_t)$ とその推定誤差分散 $P_{t|t} = \mathrm{Var}(\alpha_t|Y_t)$ を 4.3 節の手法で推定するには，$t = 1, \ldots, n-1$ ごとにインポータンス密度を $g(\alpha|y)$ ではなく $g(\alpha|Y_t)$ に変更してサンプリングからやり直さなければならず，単純に考えると平滑化の計算量に対して n 倍のオーダーの計算量が必要となる．それゆえ，平滑化に比べると需要は少ないが，もし線形非ガウスモデル (4.1) でフィルタリングを行いたい場合は，次章の粒子フィルタリングを用いた方がよい．

4.4.2 観測値の予測と欠測値の補間

状態空間モデルを将来時点 $t = n+1, n+2, \ldots$ まで引き延ばしていけば，将来時点 $t = n+1, n+2, \ldots$ の未観測値は欠測値と同義であるので，観測値の将来予測は欠測値の補間と基本的に同じプロセスで実現することができる．よって，ここでは観測値の予測も欠測値の補間とみなして一緒に扱っていく．

まず，4.3節におけるインポータンス密度 $g(\alpha|y)$ からのシミュレーション・サンプル $\alpha^{(1)},\ldots,\alpha^{(N)}$ をとその重み $w_1,\ldots,w_N$ を得るまでの過程において，欠測値に対する特別な扱いが必要となるのは，4.2.2項の条件付きモードの候補値 $\tilde{\theta}$ を更新する場面と4.3.1項のシミュレーション・サンプル α^+ に対する平滑化状態 $\hat{\alpha}^+$ を求める場面である．ところが，いずれの場面も実際に行っていることは線形ガウスモデル(3.1)に対するカルマンフィルタと平滑化であるため，3.2.2項で解説した線形ガウスモデルにおける欠測値の扱いをそのまま適用すればよい．なお，ガウス近似モデルの観測方程式(4.16)は欠測時点において定義する必要はない．また，インポータンス・サンプリングの各サンプル $\alpha^{(i)}$ に対する重み $w_i = p(y|\theta^{(i)})/g(y|\theta^{(i)})$ に現れる観測値の確率（密度）関数も，欠測時点を除いて評価すればよい．

そして，欠測時点（予測時点）$t = \tau$ における観測値の期待値 $\mathrm{E}(y_\tau)$ は当該時点の信号 $\theta_\tau = Z_\tau\alpha_\tau$ の関数で表されることから，その関数を $x(\alpha)$ とおいて欠測値（未観測値）の期待値 $\bar{x} = \mathrm{E}[x(\alpha)|y]$ に対する推定値 $\hat{x}$ を式(4.25)から得ることができる．さらに観測値の予測区間も求めたい場合には，各 $\alpha^{(i)}$ に対して欠測時点（予測時点）$t = \tau$ における観測値のサンプル $y_\tau^{(i)}$ を条件付き密度 $p(y_\tau|\theta_\tau^{(i)} = Z_\tau\alpha_\tau^{(i)})$ からサンプリングし，$\alpha^{(1)},\ldots,\alpha^{(N)}$ のものと同じ重み $w_1,\ldots,w_N$ と得られたサンプル $y_\tau^{(1)},\ldots,y_\tau^{(N)}$ を用いて式(4.28)および(4.29)と同様にしてパーセンタイルを推定することができる．

4.4.3 尤度の評価とパラメータ推定

最後に，線形非ガウスモデル(4.1)における尤度の評価と，その尤度を用いてモデルパラメータ ψ の最尤推定量を求める方法を解説する．モデルの尤度は観測値の周辺密度関数 $p(y)$ であるため，密度関数を変形していくことで，パラメータ ψ に対する尤度関数 $L(\psi)$ について次の表現が得られる．

$$L(\psi) = \int p(\alpha, y) d\alpha = \int \frac{p(\alpha, y)}{g(\alpha|y)} g(\alpha|y) d\alpha = \mathrm{E}_g \left[\frac{p(\alpha, y)}{g(\alpha|y)} \right]$$
$$= g(y)\, \mathrm{E}_g \left[\frac{p(y|\alpha) p(\alpha)}{g(y|\alpha) g(\alpha)} \right] = L_g(\psi)\, \mathrm{E}_g [w(\alpha, y)].$$

ここで，$L_g(\psi) = g(y)$ は，インポータンス密度の元となる線形ガウス近似モデルにおける尤度であり，3.2.5 項の算式にて求められる．また，インポータンス密度 $g(\alpha|y)$ に関する期待値 E_g と $w(\alpha, y) = p(y|\theta)/g(y|\theta)$ は 4.3.2 項と同じである．したがって，インポータンス・サンプリングから得られるサンプル $\alpha^{(1)}, \ldots, \alpha^{(N)}$ の重み $w_1, \ldots, w_N$ を用いて，対数尤度関数 $\log L(\psi)$ を

$$\log \hat{L}(\psi) = \log L_g(\psi) + \log \frac{1}{N} \sum_{i=1}^{N} w_i \tag{4.30}$$

により近似することができる．

したがって，パラメータ ψ の最尤推定値は候補値 $\tilde{\psi}$ に対する近似対数尤度関数 $\hat{L}(\tilde{\psi})$ を式 (4.30) で評価しながら，それを最大化する ψ の値へと最適化することで得ることができる．ここで，近似対数尤度を評価するたびに乱数を変えると同じ ψ の値に対しても毎回異なる尤度が得られ，それゆえ最適化が収束できなくなるので，近似対数尤度をインポータンス・サンプリングで評価する際には毎回同じ乱数を用いることとする．そうして最大化された近似対数尤度から，モデル選択のための AIC を式 (3.49)，(3.50) に従って求めることができる．

4.5　解析例：東京都における 1 日の火災件数の予測

本節では，正規分布の当てはまらないカウントされたデータを題材にして，線形非ガウス状態空間モデルの解析例を示す．図 4.1 は東京都が公表している 2005 年から 2014 年までの都内における火災件数の日次データである．火災件数は日によって大きくばらつき，東日本大震災の発生した 2011 年 3 月 11 日に最大の 51 件を記録した一方，最小では 2 件となって

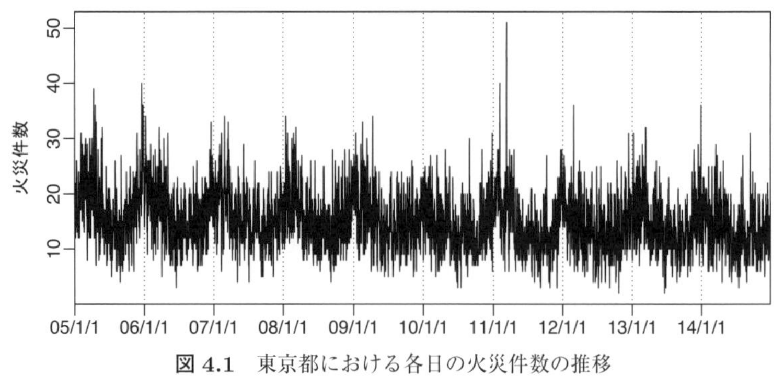

図 4.1　東京都における各日の火災件数の推移

いる．火災は乾燥し暖房設備が稼動する冬場に多く，図 4.1 からもそのような季節変動が読み取れる．また，長期的には火災件数が減少傾向にあることも伺える．さらに，他の火災件数の増減要因として，気象や曜日・祝日の効果も考えられる．以上の知見を踏まえて状態空間モデルを構築し，1 日の火災件数の予測区間を求める．

R パッケージ KFAS がサポートしている指数型分布族のうち，カウントデータに適用できる分布には二項分布，ポアソン分布と負の二項分布の三つがある．もし都内にある建物ごとの火災発生確率が均一であれば火災件数は近似的にポアソン分布に従うことから，まずはポアソン分布を当てはめて解析する．4.1 節で見たように，ポアソン分布モデルにおける観測値 y_t の期待値は，信号 $\theta_t = Z_t\alpha_t$ を用いて $\mathrm{E}(y_t|\alpha_t) = u_t e^{\theta_t}$ と表される．エクスポージャ u_t は一般にカウントを起こす可能性の総量を指し，本例では都内の建物数を入れることも考えられるが，簡便のためここでは常に 1 とおく．このとき，信号 $\theta = \log \mathrm{E}(y_t|\alpha_t)$ について以下の構造時系列モデルを考える．

$$\theta_t = Z^{(\mu)}\mu_t + Z^{(\gamma)}\gamma_t + \sum_{i=1}^{7}\beta_i\delta_{it} + \beta_h h_t + \beta_c c_t + \beta_r r_t + \varepsilon_t.$$

ここで，δ_{it}，$i = 1, \ldots, 7$ は，月曜を除く六つの曜日または祝日を示すダミー変数，h_t, c_t, r_t は各日の東京における平均湿度（%），平均気温（℃），降水量（mm）を表し，$\beta_1, \ldots, \beta_7, \beta_h, \beta_c, \beta_r$ は上記に対応する回帰係数である．また，トレンド成分 μ_t については2次のトレンド成分モデルを仮定し，季節成分 γ_t についてはうるう年を考慮して周期を365.25日とおいた三角関数型の季節成分モデルを仮定する．ただし，季節成分を表現する三角関数の周波数 $\omega_j = 2\pi j/365.25,\ j = 1,\ldots,l$ については，最大数用いると明らかに過適合となるため，月単位の季節変動が表現できる程度で $j = 1,\ldots,6$ までに留めておく．

Rによる解析コードについて，まず変数とモデル定義の部分を以下に示す．変数 weekday には，各日付 dates に対して祝日には"祝"を，それ以外は曜日の頭文字を格納している．祝日の判別には，パッケージ Nippon の関数 is.jholiday を利用している．さらに factor を用いて因子化することで，一つの変数 weekday が因子数 −1 個のダミー変数として扱われる．

モデル定義のうち，季節成分モデルに用いた関数 SSMcycle は，関数 SSMseasonal とは異なり，引数の周期 s をもつ一つの周波数成分 $2\pi/s$ の三角関数のみを用いた季節成分を構築する関数である．また回帰成分には，前述の曜日祝日のダミー変数 weekday に加えて，気象による効果として湿度 humidity，降水量 rain，温度 celsius を用意した．モデル定義の最後では，ガウスモデルの観測値撹乱項分散 H の代わりに，非ガウスモデルの分布の種類 distribution を指定している．そのあと初期分布について，ここでは散漫初期化に対して安定的な結果が得られなかったので，散漫初期化を止めて $P_{1,\infty} = O$ とおき，代わりに初期分散 P_1 を十分大きく（各状態成分の推定値を十分上回る大きさに）とった．

```
library(KFAS); library(Nippon)
dates <- seq(as.Date("2005-01-01"), as.Date("2014-12-31"), by=1)
# 日付列作成
weekday <- weekdays(dates, T)        # 曜日判別関数（"月"〜"日"を返す）
weekday[is.jholiday(dates)] <- "祝" # パッケージ Nippon の祝日判別関数
weekday <- factor(weekday, c("月","火","水","木","金","土","日","祝"))
# 因子化
modPois <- SSModel(fire ~ SSMtrend(2, Q = c(list(0), list(NA)))
  + SSMcycle(365.25)    + SSMcycle(365.25/2) + SSMcycle(365.25/3)
  + SSMcycle(365.25/4) + SSMcycle(365.25/5) + SSMcycle(365.25/6)
  + weekday + humidity + celsius + rain,
```

```
  distribution = "poisson")
diag(modPois$P1inf) <- 0      # 散漫初期化が上手くいかなかったため,
diag(modPois$P1)    <- 100^2 # 代わりに十分大きな初期分散を用いる
```

次に，モデルの解析に用いるコードを以下に示す．非ガウスモデルでは尤度最大化 fitSSM や状態平滑化 KFS を行うのにインポータンス・サンプリングを用いるため，引数としてシミュレーション数 nsim を指定する．nsim は多いほうが精度は上がるが，計算時間や使用メモリ量との兼ね合いで決めればよい．なお，nsim を指定しないあるいはゼロとした場合は，4.2 節に示した条件付きモードにおける近似ガウスモデルの結果が返される．

関数 KFS は平滑化状態 $\hat{\alpha}_t$ とその誤差分散 V_t を返してくれるが，任意の状態の関数に対する平滑化推定値を求めたい場合は，関数 importanceSSM でインポータンス・サンプリングによるサンプルとその重みを直接得ることができる．以下では，インポータンス・サンプリングを用いて湿度効果の 95% 信頼区間を求めている．最後の行では解析期間における観測値の 98% 予測区間を求めている．

```
# 非ガウスモデルではシミュレーション数 nsim を設定する
fitPois <- fitSSM(modPois, 0, method="Brent", lower=-40, upper=0,
  nsim=1000)
kfsPois <- KFS(fitPois$model, nsim=1000)
# インポータンス・サンプリングと利用例（湿度効果（第 8 状態成分）の 95%信頼区間）
impPois <- importanceSSM(fitPois$model, type="states", nsim=4000)
emp <- cumsum(impPois$weights[order(impPois$samples[1,8,])])/
  sum(impPois$weight)
conf <- sort(impPois$samples[1,8,])[rank(c(0.025, 0.975, emp))[1:2]]
# 観測値の 98%予測区間
prePois <- predict(fitPois$model, interval="prediction", level=0.98,
  nsim=10000)
```

解析の結果得られた各回帰成分の平滑化推定値とその 95% 信頼区間を表 4.2 に示す．曜日・祝日効果は有意であるものの影響は小さく，最も差がある月曜と水曜でも -0.044 すなわち $\exp(-0.044) \approx 0.957$ 倍の違いしか表れない．また，気象の効果のうち湿度と温度は有意であるが，降水量

表 4.2 ポアソン分布モデルの回帰成分の平滑化平均と 95% 信頼限界

	曜日・祝日効果							湿度効果	温度効果	降水量効果
	火	水	木	金	土	日	祝			
平均	−0.038	−0.043	−0.044	−0.022	−0.006	−0.028	−0.021	−0.0095	0.0061	−0.0003
上限	−0.005	−0.011	−0.011	0.009	0.027	0.004	0.026	−0.0088	0.0096	0.0005
下限	−0.071	−0.077	−0.076	−0.055	−0.039	−0.061	−0.067	−0.0103	0.0023	−0.0011

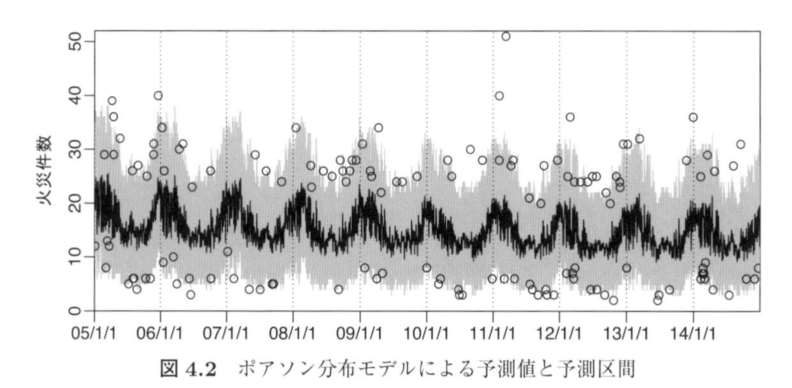

図 4.2 ポアソン分布モデルによる予測値と予測区間

の効果は 95% 信頼区間にゼロを含んでおり有意でないことがわかる．

次に，図 4.2 に各時点の観測値に対する予測値（黒線）と 98% 予測区間（灰色塗り）を示した．予測値の推移には，減少トレンドと季節変動による滑らかな変化に加え，気象条件などによる効果の日ごとのばらつきが反映されている．上下にある黒点は 98% 予測区間から外れた観測値を表しており，上側と下側にそれぞれ 74 個，65 個ある．これらの個数は期間中の日数 3652 日に対して約 2% ずつであり，98% 予測区間のはずが実際には観測値の 96% 程度しかカバーできていないことになる．なお，2011 年 3 月 11 日の火災件数は予測区間から特に大きく外れているが，これは地震を特殊要因とする異常値と判断すべきである．このように予測区間が過小評価された原因としては，火災件数の期待値の変動要因をモデルが捉えきれていないこと，建物ごとの火災確率が一様でないために観測値の分散がポアソン分布より大きいことの二つが考えられる．

以上の結果と考察を踏まえて，先ほどのモデルに以下 3 点の変更を加える．

- 有意な効果のない降水量を回帰成分から外し，代わりに湿度と温度の交互作用すなわち湿度 $\times$ 温度を回帰成分に加える．
- 2011年3月11日の異常値を欠測値に替えることで除去する．
- ポアソン分布の代わりに，拡散パラメータ u により分散が調整可能な負の二項分布を適用する．

上記の変更を加えた変数・モデルの定義および解析コードを以下に示す．ここでは，負の二項分布の拡散パラメータ u を推定するために関数 updatefn を用意している．インポータンス・サンプリングと予測区間の算出はポアソン分布と同様にできるため省略する．

```
hum_cel = humidity * celsius # 湿度と温度の交互作用
fireNA <- fire; fireNA[dates=="2011-03-11"] <- NA # 外れ値を欠測値に替え除外
modNegbin <- SSModel(fireNA ~ SSMtrend(2 , Q = c(list(0), list(NA)))
  + SSMcycle(365.25)   + SSMcycle(365.25/2) + SSMcycle(365.25/3)
  + SSMcycle(365.25/4) + SSMcycle(365.25/5) + SSMcycle(365.25/6)
  + weekday + humidity + celsius + hum_cel,
  distribution = "negative binomial", u = 1)
diag(modNegbin$P1inf) <- 0; diag(modNegbin$P1) <- 100^2
updatefn <- function(pars, model){
  model$Q[2,2,] = exp(pars[1])
  model$u[,] = exp(pars[2])
  return(model)
}
fitNegbin <- fitSSM(modNegbin, c(-28,0), updatefn, method="BFGS",
  nsim=1000)
```

まず，各回帰成分の平滑化推定値とその95% 信頼区間を表4.3に示した．曜日・祝日効果は表4.2の結果とほとんど変わりないが，湿度と温度の効果は交互作用を加えたことで変化している．交互作用を含めた湿度 h と温度 c の効果項は $-0.0068h + 0.0187c - 0.00023hc = -0.0068h(1 + 0.034c) + 0.0187c$ と表すことができ，温度の上昇すなわち飽和水蒸気量の増加に伴い湿度による火災減少効果が上昇するものと解釈できる．

続いて，図4.2と同様に観測値の予測値と98% 予測区間を図4.3に示した．拡散パラメータ u の推定値は41.4となり，ポアソン分布の分散が $\mathrm{Var}(y_t|\theta_t) = \mathrm{E}(y_t|\theta_t)$ と期待値に等しいのに対して，負の二項分布の分散

表 4.3 負の二項分布モデルの回帰成分の平滑化平均と 95% 信頼限界

	曜日・祝日効果							湿度効果	温度効果	湿度 × 温度
	火	水	木	金	土	日	祝			
平均	−0.039	−0.044	−0.044	−0.027	−0.008	−0.026	−0.025	−0.0068	0.0187	−0.00023
上限	−0.009	−0.006	−0.005	0.012	0.030	0.011	0.029	−0.0052	0.0260	−0.00011
下限	−0.078	−0.083	−0.082	−0.064	−0.045	−0.063	−0.078	−0.0085	0.0114	−0.00035

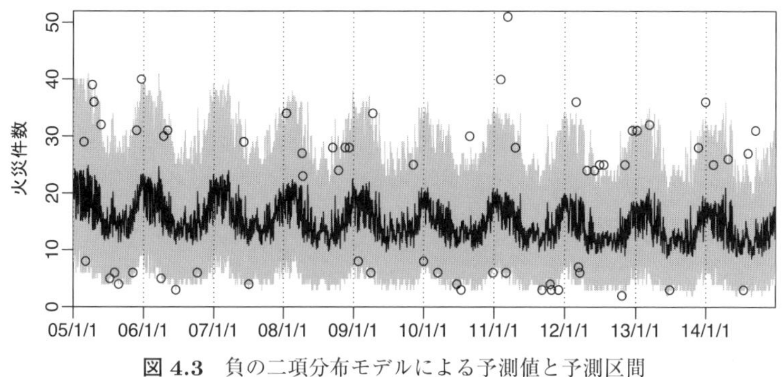

図 4.3 負の二項分布モデルによる予測値と予測区間

は $\mathrm{Var}(y_t|\theta_t) = \mathrm{E}(y_t|\theta_t) + u\,\mathrm{E}(y_t|\theta_t)^2$ と大きくなる．その結果，黒点で示された 98% 予測区間からの外れ値は上下に 37，26 個となり，観測値のほぼ 98% をカバーできていることがわかる．以上のようにして，日付と気象条件からその日の火災件数を上限・下限とともに予測することができる．

第 5 章

非線形非ガウス状態空間モデル

5.1 はじめに

本章では，線形性も分布の正規性も仮定しない最も一般的な状態空間モデルについて扱う手法を解説する．一般的な状態空間モデルは，各時点 $t = 1, \ldots, n$ において，状態 α_t に依存して観測値 y_t が生成される観測モデルと，状態 α_t から α_{t+1} への遷移を記述した状態モデルあるいはシステムモデル，そして初期状態分布により構成され，次式のように表される．

$$\begin{aligned} y_t &\sim h_t(y_t|\alpha_t), \\ \alpha_{t+1} &\sim q_t(\alpha_{t+1}|\alpha_t), \quad t = 1, \ldots, n. \\ \alpha_1 &\sim p(\alpha_1), \end{aligned} \tag{5.1}$$

ここで，各時点 $t = 1, \ldots, n$ の $h_t(y_t|\alpha_t)$ および $q_t(\alpha_{t+1}|\alpha_t)$ は条件付き確率密度関数あるいは条件付き確率関数，$p(\alpha_1)$ は初期状態の周辺確率密度関数あるいは周辺確率関数であり，それぞれが未知あるいは既知のモデルパラメータ ψ に依存するものとする．

以降，状態 α と観測値 y の同時密度関数，周辺密度関数および条件付き密度関数について前章と同様に p で表す．モデル式 (5.1) の条件付き密度関数に同じ p でなく別の文字 q_t, h_t を用いたのは，これらが状態空間モデルを定義する重要な要素であることを強調するためである．また，q_t

および h_t は時間に依存して変化させられるため，3.3.4 項のように説明変数による回帰変動を含めることができる．

ここで，式 (5.1) のうち 1 式目の観測モデルは，時点 t で得られる観測値 y_t の確率分布について，同時点の状態 α_t さえ与えられていれば，それ以前の状態 $\alpha_1, \ldots, \alpha_{t-1}$ と観測値 $Y_{t-1} = \{y_1, \ldots, y_{t-1}\}$ には依存しないこと，すなわち

$$p(y_t|\alpha_1, \ldots, \alpha_t, Y_{t-1}) = p(y_t|\alpha_t) = h_t(y_t|\alpha_t) \tag{5.2}$$

であることを示している．一方で，式 (5.1) のうち 2 式目の状態モデルは，α_t から α_{t+1} への状態遷移の確率分布について，時点 t での状態 α_t さえ与えられていれば，それ以前の状態 $\alpha_1, \ldots, \alpha_{t-1}$ と時点 t までの観測値 $Y_t = \{y_1, \ldots, y_t\}$ には依存しないこと，すなわち

$$p(\alpha_{t+1}|\alpha_1, \ldots, \alpha_t, Y_t) = p(\alpha_{t+1}|\alpha_t) = q_t(\alpha_{t+1}|\alpha_t) \tag{5.3}$$

であることを示している．

以上の性質は時系列モデルにおける**マルコフ性**（Markov property）と呼ばれ，状態空間モデルがカルマンフィルタなどによって効率的に計算できるのは主にこの性質を利用しているためである．ただし，3.3.3 項の ARIMA モデルのように状態成分や説明変数に含めることで実質的に過去の状態および観測値に依存するモデルを構築することもできる．

5.2　フィルタリング，状態平滑化，長期予測の漸化式

一般の状態空間モデル (5.1) に対してフィルタリング，状態平滑化および長期予測を行うための漸化式を示す．第 3 章の線形ガウスモデルでは，推定する状態や予測値の条件付き分布が全て正規分布であったため，条件付き平均と条件付き分散だけ求めれば完全に特定できるので事足りた．しかし，一般の非ガウスモデルでは，条件付き分布の特定には確率（密度）関数が必要となるため，以下で示す漸化式は全て確率（密度）関数を逐次計算するものとなっている．ここでは漸化式の導出過程を省略して結

果のみ掲載するが，前節で述べたマルコフ性 (5.3)，(5.2) とベイズの定理 (1.13) などの確率密度関数の関係式のみから全て導出することができる．

フィルタリング漸化式

各時点 $t = 1, \ldots, n$ について，フィルタ化密度 $p(\alpha_t|Y_t)$ と状態および観測値の 1 期先予測密度 $p(\alpha_{t+1}|Y_t), p(y_{t+1}|Y_t)$ は，以下の漸化式 1 から 3 を $t = 0, 1, \ldots, n$ の順に繰り返すことで得られる．ただし，$t = 0$ においては 1 と 2 を省略し，$p(\alpha_1|Y_0) = p(\alpha_1)$（初期状態分布）に置き換える．

1. 観測値の 1 期先予測密度 $p(y_t|Y_{t-1})$ → フィルタ化密度 $p(\alpha_t|Y_t)$

$$p(\alpha_t|Y_t) = \frac{h_t(y_t|\alpha_t)p(\alpha_t|Y_{t-1})}{p(y_t|Y_{t-1})}.$$

2. フィルタ化密度 $p(\alpha_t|Y_t)$ → 状態の 1 期先予測密度 $p(\alpha_{t+1}|Y_t)$

$$p(\alpha_{t+1}|Y_t) = \int q_t(\alpha_{t+1}|\alpha_t)p(\alpha_t|Y_t)d\alpha_t.$$

3. 状態の 1 期先予測密度 $p(\alpha_{t+1}|Y_t)$
   → 観測値の 1 期先予測密度 $p(y_{t+1}|Y_t)$

$$p(y_{t+1}|Y_t) = \int h_{t+1}(y_{t+1}|\alpha_{t+1})p(\alpha_{t+1}|Y_t)d\alpha_t.$$

状態平滑化漸化式

先に示されたフィルタリング漸化式の結果を用いて，時点 $t = n - 1, \ldots, 1$ の順に次の後ろ向き漸化式を計算することで，観測値 $y = Y_n$ が与えられた下での状態 α_t の条件付き密度（状態平滑化密度）$p(\alpha_t|y)$ を得ることができる．

$$p(\alpha_t|y) = p(\alpha_t|Y_t)\int \frac{q_t(\alpha_{t+1}|\alpha_t)}{p(\alpha_{t+1}|Y_t)}p(\alpha_{t+1}|y)d\alpha_{t+1}.$$

長期予測漸化式

$j = 1, 2, \ldots$ について，状態および観測値の j 期先予測密度 $p(\alpha_{n+j}|y)$,

$p(y_{n+j}|y)$ は，以下の漸化式 1 と 2 を $j = 1, 2, \ldots$ の順に繰り返すことで得られる．

1. 状態の $j-1$ 期先予測密度 $p(\alpha_{n+j-1}|y)$
   → 状態の j 期先予測密度 $p(\alpha_{n+j}|y)$

$$p(\alpha_{n+j}|y) = \int q_{n+j-1}(\alpha_{n+j}|\alpha_{n+j-1})p(\alpha_{n+j-1}|y)d\alpha_{n+j-1}.$$

2. 状態の j 期先予測密度 $p(\alpha_{n+j}|y)$
   → 観測値の j 期先予測密度 $p(y_{n+j}|y)$

$$p(y_{n+j}|y) = \int h_{n+j}(y_{n+j}|\alpha_{n+j})p(\alpha_{n+j}|y)d\alpha_{n+j-1}.$$

5.3　粒子フィルタ

前節で示した確率密度関数の各種漸化式は，ほとんどの非線形非ガウス状態空間モデルでは積分計算が解析的に不可能であり，数値的な評価が必要となる．数値積分で評価することも考えられるが，時点が進むにつれ数値誤差が拡大するのであまり現実的でない．そこで本節では，一般の状態空間モデルに対するフィルタリング手法として，**粒子フィルタ**（particle filter）[15, 10] と呼ばれる手法を紹介する．

粒子フィルタでは，4.3 節で解説したインポータンス・サンプリングの考え方を用いる．前章の線形非ガウスモデルに対する解析手法は，インポータンス密度より得た全時点の状態 α のシミュレーション・サンプルとその重みを用いて，各種特徴量を推定するというものであった．一方で，本章の非線形非ガウスモデルでは，全時点の状態 α に対するインポータンス密度を得るのも大抵困難である．そこで，各時点 $t = 1, \ldots, n$ に対して，与えられた α_t のサンプルと重みを用いて翌期の状態 α_{t+1} に対するインポータンス密度を構成し，そこから α_{t+1} のサンプルと重みを得ることを考える．これを初期時点 $t = 1$ から最終時点 $t = n$ まで進めることによって，最終的に $t = 1, \ldots, n$ についてフィルタ化状態分布 $p(\alpha_t|Y_t)$ からの α_t のサンプルを得ることができる．

5.3.1 粒子フィルタの実行手順

ここで，粒子フィルタの具体的な実行手順を示す．$t = 1, \ldots, n$ の順に，1時点前 $t-1$ のフィルタ化分布からのサンプル $\alpha_{t-1}^{(1)}, \ldots, \alpha_{t-1}^{(N)}$ を基に，時点 t のフィルタ化分布からのサンプル $\alpha_t^{(1)}, \ldots, \alpha_t^{(N)}$ を，以下1から3までの手順で得るというプロセスを繰り返していく．ただし，欠測がある時点においては手順2と3をスキップする．

1. 1期先予測サンプリング：$i = 1, \ldots, N$ について，前時点 $t-1$ の状態を $\alpha_{t-1} = \alpha_{t-1}^{(i)}$ とおいたときの1期先予測分布 $q_{t-1}(\alpha_t|\alpha_{t-1}^{(i)})$ からサンプルを一つ抽出して $\tilde{\alpha}_t^{(i)}$ とおく．ただし，$t = 1$ のときは $q_{t-1}(\alpha_t|\alpha_{t-1}^{(i)}) = p(\alpha_1)$ とする．

2. 尤度による重み付け：$i = 1, \ldots, N$ について，サンプル $\tilde{\alpha}_t^{(i)}$ に対する重みを，観測値 y_t に対する尤度 $w_t^{(i)} = h_t(y_t|\tilde{\alpha}_t^{(i)})$ によって与える．

3. リサンプリング：サンプル $\tilde{\alpha}_t^{(1)}, \ldots, \tilde{\alpha}_t^{(N)}$ とその重み $w_t^{(1)}, \ldots, w_t^{(N)}$ から，次の3-1と3-2によるインポータンス・リサンプリングを用いて，重複を許した N 個の状態サンプル $\alpha_t^{(1)}, \ldots, \alpha_t^{(N)}$ を抽出する．

3-1. 割り当て関数の作成：$k = 1, \ldots, N$ に対して累積相対重みを $W_t^{(k)} = \sum_{i=1}^{k} w_t^{(i)} / \sum_{i=1}^{N} w_t^{(i)}$ と定義し，そこから $0 \le r \le 1$ に対する割り当て関数 $A(r)$ を次のように定義する．

$$A(r) = \min\{k \,|\, r \le W_t^{(k)}\}.$$

3-2. 層化サンプリング：区間 $(0, 1)$ 上の一様分布から一つのサンプル u を抽出し，u の値に基づいて $\tilde{\alpha}_t^{(1)}, \ldots, \tilde{\alpha}_t^{(N)}$ から次のようにリサンプリングを行う．

$$\alpha_t^{(i)} = \tilde{\alpha}_t^{(A[(i-1+u)/N])}, \quad i = 1, \ldots, N.$$

手順1と2は，前時点の状態サンプル $\alpha_{t-1}^{(i)}$ ごとに，インポータンス密度を $q_{t-1}(\alpha_t|\alpha_{t-1}^{(i)})$ とおいたインポータンス・サンプリングを行っていることになる．また，手順3のリサンプリングは，重みすなわち尤度の低い

外れ値のサンプルを高確率で取り除き，尤度の高いサンプルに集中させる役割を果たしている．なお，手順3-1と3-2による層化サンプリングは，4.3.2項に示した通常のインポータンス・リサンプリングに比べて，値の重複や偏りが少ないサンプルが得られるよう効率化が図られている．特に，状態 α_t が単変量の実数である場合には，サンプル $\tilde{\alpha}_t^{(1)},\ldots,\tilde{\alpha}_t^{(N)}$ を昇順に並べ替えた上で割り当て関数 $A(r)$ を定義するとサンプルの偏りがさらに解消される．このときの $A(r)$ は，式(4.28)と同様に定義される経験分布関数 $\tilde{F}(\alpha_t|Y_t)$ の逆関数 $\tilde{F}^{-1}$ と等しい．

5.3.2 粒子フィルタの結果の利用

上記の粒子フィルタで得られたサンプルを用いて，フィルタ化推定量や，将来の状態または観測値の予測を得ることができる．その際には，リサンプリング後のサンプル $\alpha_t^{(1)},\ldots,\alpha_t^{(N)}$ よりも，リサンプリング前のサンプル $\tilde{\alpha}_t^{(1)},\ldots,\tilde{\alpha}_t^{(N)}$ とその重み $w_t^{(1)},\ldots,w_t^{(N)}$ を用いた方が推定または予測の精度は高まるであろう．フィルタ化状態分布における平均や分散，パーセンタイルなどの特徴量を得たい場合は4.3節の式(4.25)，(4.26)，(4.29)と同様にして推定すればよい．また将来の j 期先予測を行いたい場合は，最終時点 $t=n$ のサンプルから始めて，粒子フィルタの手順1にある1期先予測サンプリングを $t=n+j$ まで繰り返せばよい．

さらに，粒子フィルタの結果から評価できるものとして，モデルパラメータに対する尤度 $L(\psi)$ が挙げられる．粒子フィルタから得られた各時点の重み $w_t^{(1)},\ldots,w_t^{(N)}$ の標本平均が

$$\begin{aligned}\frac{1}{N}\sum_{i=1}^{N} w_t^{(i)} &= \frac{1}{N}\sum_{i=1}^{N} h_t(y_t|\tilde{\alpha}_t^{(i)}) \approx \int h_t(y_t|\tilde{\alpha}_t)p(\tilde{\alpha}_t|Y_{t-1})d\tilde{\alpha}_t \\ &= \int p(y_t,\tilde{\alpha}_t|Y_{t-1})d\tilde{\alpha}_t = p(y_t|Y_{t-1})\end{aligned}$$

の近似となることを利用して，対数尤度 $\log L(\psi)$ の推定量が

$$\log \hat{L}(\psi) = \log \prod_{t=1}^{n} \frac{1}{N}\sum_{i=1}^{N} w_t^{(i)} = \sum_{t=1}^{n} \log\left(\sum_{i=1}^{N} w_t^{(i)}\right) - n\log N \qquad (5.4)$$

により得られる．この近似対数尤度はシミュレーションに起因する誤差が大きいために，準ニュートン法などの尤度の数値最適化手法が上手くいかないことがある．そのため，パラメータの複数の候補値について近似対数尤度を求めて最大となる候補値を選ぶか，次に紹介する自己組織型状態空間モデルを用いてパラメータを推定することになる．

5.3.3 自己組織型状態空間モデル

式 (5.4) の近似対数尤度に基づくパラメータ推定において，パラメータ ψ の次元が小さい場合には，いくつかの候補値 $\tilde{\psi}$ を用意して近似対数尤度を最大化する値を選ぶことでパラメータの推定値を得ることができる．しかし，パラメータ ψ の次元が大きい場合，候補値の組合せが非常に膨大になるため，一つ一つの候補値に対して粒子フィルタを実行して近似対数尤度を求めるのは計算時間の面で現実的でない．

ここでは，粒子フィルタを利用して自動的に最適なパラメータが選択される手法として，論文 [16] で提案された**自己組織型状態空間モデル**（self-organizing state space model）を紹介する．自己組織型状態空間モデルは，状態 α_t に対してパラメータ ψ を結合したものを新たに状態ベクトル $\alpha_{\psi,t} = (\alpha_t', \psi')'$ と定めたモデルである．

このモデルに対する粒子フィルタは，パラメータのサンプル $\psi^{(1)}, \dots, \psi^{(N)}$ を適当な初期分布 $p(\psi)$ から抽出し，1 期先予測サンプリングにおいて $\psi^{(i)}$ を固定して $(\alpha_{t-1}^{(i)\prime}, \psi^{(i)\prime})' \to (\alpha_t^{(i)\prime}, \psi^{(i)\prime})'$ のようにサンプルを更新することで実行できる．粒子フィルタの結果，尤度の低いパラメータのサンプルはリサンプリングにより淘汰され，最終時点のサンプル $\alpha_{\psi,n}^{(1)}, \dots, \alpha_{\psi,n}^{(N)}$ には尤度の高いパラメータ値のみが残り，それらは条件付き分布 $p(\psi|y) = p(y|\psi)p(\psi)/p(y)$ からのサンプルとなるので，その経験分布に基づいてパラメータ推定を行うことができる．

上記の手法は，パラメータの初期分布が適切に設定され，真の値付近にサンプルを得る必要がある．事前に適切な初期分布の設定が困難な場合の方策として，補助粒子フィルタという手法を用いてパラメータを時間変化させて最適値を得る方法 [20] や，初期分布を最適化する方法 [22] がある．

5.3.4 粒子フィルタによる状態平滑化

ここまでは粒子フィルタからフィルタリングと将来予測ができることを示したが，状態平滑化については触れていない．粒子フィルタから得る各時点の状態サンプル $\alpha_t^{(1)}, \ldots, \alpha_t^{(N)}$ は，当該時点までの観測値 $Y_t = \{y_1, \ldots, y_t\}$ のみで条件付けた分布 $p(\alpha_t|Y_t)$ からのサンプルであるため，粒子フィルタの結果から単純に平滑化状態を得ることはできない．

ここでは，粒子フィルタを用いた平滑化手法の一つとして，論文 [15] により提案された**固定ラグ平滑化**（fixed-lag smoother）を紹介する．固定ラグ平滑化は，観測値 Y_t が与えられた下での L 時点前の状態の条件付き分布 $p(\alpha_{t-L}|Y_t)$ からサンプルを得る手法であり，平滑化状態分布 $p(\alpha_{t-L}|y)$ からの近似サンプルとして利用することができる．

固定ラグ平滑化は，時点 t の状態 α_t に対して，L 時点前までの状態 $\alpha_{t-1|t}, \ldots, \alpha_{t-L|t}$ を 5.3.3 項と同様に結合し，拡大された状態ベクトル $\alpha_t = (\alpha'_{t|t}, \alpha'_{t-1|t}, \ldots, \alpha'_{t-L|t})'$ について粒子フィルタを実行することで達成される．具体的には，5.3.1 項に示した粒子フィルタの手順 1 を次のように改変して，残りは同じ手順で実行することができる．

1′. 前時点の状態サンプル $\alpha_t^{(i)} = (\alpha_{t-1|t-1}^{(i)\prime}, \ldots, \alpha_{t-L-1|t-1}^{(i)\prime})'$ の最初の要素を用いた 1 期先予測分布 $q_{t-1}(\alpha_t|\alpha_{t-1|t-1}^{(i)})$ からサンプルを一つ抽出して $\tilde{\alpha}_{t|t}^{(i)}$ とおき，それを前時点の状態サンプルと結合して $\tilde{\alpha}_t^{(i)} = (\tilde{\alpha}_{t|t}^{(i)\prime}, \alpha_{t-1|t-1}^{(i)\prime}, \ldots, \alpha_{t-L|t-1}^{(i)\prime})'$ とおく．

この手順 1′ について，前時点の状態サンプルのうち最後の要素 $\alpha_{t-L-1|t-1}^{(i)}$ は捨てていることに注意する．手順 3 のリサンプリングにより得られた各時点 t の状態サンプル $\alpha_t^{(i)} = (\alpha_{t|t}^{(i)\prime}, \alpha_{t-1|t}^{(i)\prime}, \ldots, \alpha_{t-L|t}^{(i)\prime})'$ は，条件付き分布 $p(\alpha_t, \alpha_{t-1}, \alpha_{t-L}|Y_t)$ に従うサンプルとなるため，このうち L 時点前の状態サンプル $\alpha_{t-L|t}^{(i)} \sim p(\alpha_{t-L}|Y_t)$ を平滑化状態分布 $p(\alpha_{t-L}|y)$ からの合理的な近似サンプルとして扱うことができる．

なお文献 [17] では，ラグ L はあまり大きくするとリサンプリングにより過去の状態の多様性が低下し近似精度が悪くなるため，最大でも 30 程度にすることを勧めている．大きいラグ L に対して精度の良い平滑化を得る方法もいくつか提案されており，論文[7, 23]などにまとめられている．

5.4 解析例：金利の期間構造モデルの推定

本節では，非線形非ガウス状態空間モデルの解析例として，金利の期間構造モデルの当てはめを行う．同じ時点の金利であっても，満期までの年数によって金利は異なるため，満期に依存する金利を共通のファクターで表したものが期間構造モデルである．期間構造モデルとしては，何らかの基底関数をフィットさせるモデルや，金利の挙動を確率微分方程式で記述することで理論的な金利を導出する均衡モデルなどがある．

ここでは均衡モデルの単純な例として，1ファクターのCIRモデル[5, 6]を扱う．CIRモデルは，連続時間t上の微小区間における金利を年率で表した瞬時的短期金利α_tをファクターとして，その推移について次の確率微分方程式を仮定したモデルである．

$$d\alpha_t = \kappa(\theta - \alpha_t)dt + \sigma\sqrt{\alpha_t}dW_t. \tag{5.5}$$

ただし，W_tは標準ブラウン運動であり，κ, θ, σは未知のモデルパラメータとする．CIRモデルは，モデルパラメータが$2\kappa\theta > \sigma^2$をみたすときに，瞬時的短期金利α_tについて常に正の値をとることが保証されるという利点がある．金利の挙動が確率微分方程式(5.5)で与えられたことにより，リスクの市場価格を表すパラメータをλとして，瞬時的短期金利α_tを基に時点tにおける満期τの金利$R(t, \tau)$の理論値が次式のとおり得られる．

$$R(t, \tau) = \frac{1}{\tau}[-A(\tau) + B(\tau)\alpha_t]. \tag{5.6}$$

ただし

$$A(\tau) = \log\left\{\left[\frac{2\gamma e^{\frac{\gamma+\kappa+\lambda}{2}\tau}}{(\gamma+\kappa+\lambda)(e^{\gamma\tau}-1)+2\gamma}\right]^{\frac{2\kappa\theta}{\sigma^2}}\right\},$$
$$B(\tau) = \frac{2(e^{\gamma\tau}-1)}{(\gamma+\kappa+\lambda)(e^{\gamma\tau}-1)+2\gamma},$$
$$\gamma = \sqrt{(\kappa+\lambda)^2+2\sigma^2}.$$

ここで，論文 [21] を参考に，上記の 1 ファクター CIR モデルを状態モデルとした状態空間モデルを構築し，粒子フィルタを用いてパラメータと状態 α_t の推定を行う．金利が観測される時点を $t = 1,\dots,n$ とし，各時点間を間隔 $\Delta t = 1/J$ で J 等分した離散時間を用いて，確率微分方程式 (5.5) を次のように離散近似（オイラー近似）した次式を状態モデルとする．

$$\begin{aligned}\alpha_{t,j+1} &= \alpha_{t,j} + \kappa(\theta-\alpha_{t,j})\Delta t + \sigma\sqrt{\alpha_{t,j}}w_{t,j}, \\ w_{t,j} &\sim N(0,\Delta t),\end{aligned} \qquad j = 1,\dots,J. \tag{5.7}$$

ただし，$\alpha_t = \alpha_{t,1}$，$\alpha_{t+1} = \alpha_{t,J+1}$ である．状態モデルの撹乱項 $w_{t,j}$ は正規ホワイトノイズであるが，式 (5.7) が $\sqrt{\alpha_{t,j}}$ を含む非線形な方程式であるため，$J > 1$ のとき条件付き密度関数 $q_t(\alpha_{t+1}|\alpha_t)$ は正規分布とはならないことに注意する．なお，α_1 の初期分布については，α_1 のとりうる範囲について適当な確率分布を定めることとする．

観測モデルについては，各観測時点 $t = 1,\dots,n$ において，複数の満期 $\tau_1,\dots,\tau_p$ に対する金利 $r_t = (r_{t1},\dots,r_{tp})'$ が，次式のように理論値 (5.6) に正規ホワイトノイズが加わることで生成されていると仮定する．

$$\begin{pmatrix} r_{t1} \\ \vdots \\ r_{tp} \end{pmatrix} = - \begin{pmatrix} A(\tau_1)/\tau_1 \\ \vdots \\ A(\tau_p)/\tau_p \end{pmatrix} + \begin{pmatrix} B(\tau_1)/\tau_1 \\ \vdots \\ B(\tau_p)/\tau_p \end{pmatrix} \alpha_t + \begin{pmatrix} \varepsilon_{t1} \\ \vdots \\ \varepsilon_{tp} \end{pmatrix},$$

$$\begin{pmatrix} \varepsilon_{t1} \\ \vdots \\ \varepsilon_{tp} \end{pmatrix} \sim N \left(0, \begin{pmatrix} \sigma^2_{\varepsilon,1} & & 0 \\ & \ddots & \\ 0 & & \sigma^2_{\varepsilon,p} \end{pmatrix} \right).$$

以上により構成された状態空間モデルを，2015年1月7日から2015年12月30日までの各週の水曜日における，満期が3ヶ月と6ヶ月の円LIBOR (London Inter Bank Offered Rates) の2変量時系列に対して適用する．簡単のため，各満期で共通の観測値撹乱項分散 σ^2_ε を仮定する．パラメータ推定には，5.3.3項で述べた自己組織型状態空間モデルを用い，拡大された状態ベクトルを $\alpha_{\psi,t} = (\alpha_t, \kappa, \theta, \sigma, \lambda, \sigma_\varepsilon)'$ とおく．そして $\alpha_t, \kappa, \theta, \sigma, \lambda, \sigma_\varepsilon$ の初期分布には，論文 [3] を参考にして，それぞれ区間 $(0, 10^{-3}), (0, 1), (0, 1/4), (0, 1/4), (-1, 0), (0, 10^{-4})$ 上の一様分布を仮定する．以下にRによる解析コード例を示す．

```
# サンプルサイズ N，離散近似の分割数 J および分割区間長 Dt=1/J
N <- 10^6; J <- 10; Dt <- 1/J

# libor は 1,…,n 週目における満期 tau[1],…,tau[p] の金利をもつ n × p 行列
n <- nrow(libor); p <- ncol(libor); tau <- c(3,6)/12 # 満期は 3 ヶ月と 6 ヶ月

# 初期分布からのサンプリング
set.seed(1)
alp <- runif(N)*0.001; kap <- runif(N)    ; the <- runif(N)*0.25
sig <- runif(N)*0.25 ; lam <- runif(N)*-1 ; sigeps <- runif(N)*0.0001

# CIR モデルによる理論式の係数
gam  <- sqrt((kap+lam)^2+2*sig^2)
Atau <- Btau <- matrix(0,N,p)
for(i in 1:p){
  Atau[,i] <- 2*kap*the/sig^2*log(2*gam*exp((gam+kap+lam)/2*tau[i])/
              ((gam+kap+lam)*(exp(gam*tau[i])-1)+2*gam))
  Btau[,i] <- 2*(exp(gam*tau[i])-1)/((gam+kap+lam)*(exp(gam*tau[i])-1)+
              2*gam)
```

```
}
alpPsi <- cbind(alp,kap,the,sig,lam,sigeps,Atau,Btau) # 拡大状態ベクトル

# 粒子フィルタ
for(s in 1:n){
  # 尤度による重み w の算出
  sigeps <- alpPsi[,6]; Atau <- alpPsi[,7:8]; Btau <- alpPsi[,9:10]
  w <- ifelse(alp>0, 1, 0) # 瞬時的短期金利が 0 以下であるものは重み 0 とする
  for(i in 1:p){
    w <- w*dnorm(libor[s,i],(-Atau[,i]+Btau[,i]*alp)/tau[i], sigeps)
  }
  # インポータンス・リサンプリング
  r<-rank(c((1:N-runif(1))/N,cumsum(w)/sum(w)),ties="random")[1:N]-1:N+1
  alpPsi <- alpPsi[r,]
  # 1 期先予測サンプリング
  alp <- alpPsi[,1]; kap <- alpPsi[,2]; the <- alpPsi[,3];
  sig <- alpPsi[,4]
  for(j in 1:J){
    alp <- alp+kap*(the-alp)*Dt+sig*sqrt(alp)*rnorm(N,0,sqrt(Dt))
  }
  alpPsi[,1] <- alp <- ifelse(is.nan(alp), 0, alp) # NaN は 0 におきかえる
}
```

粒子フィルタで得られた最終時点 $t = n$ における拡大された状態ベクトルのサンプルは全時点 $t = 1, \ldots, n$ の尤度を反映しているため，例えば表 5.1 のようにその標本平均をモデルパラメータの推定値とすることができる．また，途中の各時点における状態ベクトルのサンプルから，金利の理論値に対するフィルタ推定値を得ることができる．また，各時点における状態ベクトルのサンプルより金利の理論値 (5.6) を求め，その標本平均をとることで図 5.1 に示された金利の理論値のフィルタ化推定値を得ることができる．灰色線で示された理論値の推移は二つの満期でほぼ平行に推移しつつ，黒線の両データに対してフィットされていることがわかる．

表 5.1　粒子フィルタによるモデルパラメータの推定値

κ	θ	σ	λ	σ_ε
0.49	0.012	0.061	−0.65	0.000029

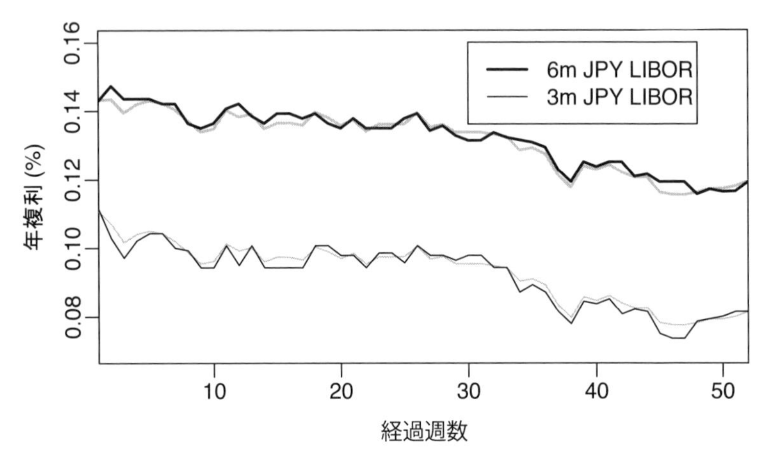

図 5.1　円 LIBOR の観測値（黒線）とフィルタ化推定値（灰色線）の推移

参考文献

[1] Anderson B. D. O. and Moore J. B. (1979). *Optimal Filtering*, Prentice-Hall.

[2] 足立修一，丸田一郎 (2012). カルマンフィルタの基礎，東京電機大学出版局.

[3] Bolder, D. (2001). Affine term structure models: Theory and implementation, *Bank of Canada Working Paper*, 2001-15.

[4] Commandeur, J. and Koopman S. J. (2007). *An Introduction to State Space Time Series Analysis*, Oxford University Press.（和合肇訳 (2008). 状態空間時系列分析入門, シーエーピー出版.）

[5] Cox, J. C., Ingersoll, J. E. and Ross, S. A. (1985a). An intertemporal general equilibrium model asset prices, *Econometrica*, **53**, 363–384.

[6] Cox, J. C., Ingersoll, J. E. and Ross, S. A. (1985b). A theory of the term structure of interest rates, *Econometrica*, **53**, 385–408.

[7] Doucet, A. and Johansen, A. M. (2011). A tutorial on particle filtering and smoothing: Fifteen years later, Available at: http://www.cs.ubc.ca/~arnaud/doucet_johansen_tutorialPF.pdf.

[8] Durbin J. and Koopman S. J. (2002). A simple and effcient simulation smoother for state space time series analysis, *Biometrika*, **89**, 603–615.

[9] Durbin J. and Koopman S. J. (2012). *Time Series Analysis by State Space Methods* (2nd. Ed.), Oxford University Press.

[10] Gordon, N., Salmond, D. and Smith, A. (1993). Novel approach to nonlinear/non-Gaussian Bayesian state estimation, *IEE Proceedings-F*, **140**, 107–113.

[11] Harvey A. C. (1989). *Forecasting, Structural Time Series Models and the Kalman Filter*, Cambridge University Press.

[12] Helske J. (2016). KFAS: Exponential family state space models in R, Accepted to *Joural of Statistical Software*.

[13] Kalman, R. E. (1960). A new approach to linear filtering and prediction problems, *Transactions of the ASME - Journal of Basic Engineering (Series D)*, **82**, 35–45.

[14] 片山徹 (2000). 新版 応用カルマンフィルター，朝倉書店.

[15] Kitagawa, G. (1996). Monte Carlo filter and smoother for non-Gaussian nonlinear state space models, *Journal of Computational and Graphical Statistics*,

5(1), 1-25.

[16] Kitagawa, G. (1998). A self-organizing state-space model, *Journal of American Statistical Association*, **93**(443), 1203-1215.

[17] 北川源四郎 (2005). 時系列解析入門, 岩波書店.

[18] Koopman S. J. and Durbin J. (2003). Filtering and smoothing of state vector for diffuse state space models, *Journal of Time Series Analysis*, **24**, 85-98.

[19] Petris, G., Petrone, S. and Campagnoli, P. (2009). *Dynamic Linear Models with R*, Springer-Verlag.（和合肇監訳, 萩原淳一郎訳 (2013). R によるベイジアン動的線型モデル, 朝倉書店.）

[20] Liu, J. and West, M. (2001). Combined parameter and state estimation in simulation-based filtering, In *Sequential Monte Carlo Methods in Practice* (A. Doucet, N. de Freitas, and N. Gordon, ed.), Springer-Verlag, 197-223.

[21] 高橋明彦, 佐藤整尚 (2002). モンテカルロフィルタを用いた金利モデルの推定, 統計数理, **50**(2), 133-147.

[22] Yano, K. (2008). A self-organizing state space model and simplex initial distribution search, *Computational Statistics*, **23**(2), 197-216.

[23] 矢野浩一 (2014). 粒子フィルタの基礎と応用：フィルタ・平滑化・パラメータ推定, 日本統計学会誌, **44**(1), 189-216.

索　引

【タ行】

【ハ行】

【マ行】

【ヤ行】

【ラ行】

Memorandum

Memorandum

〈著者紹介〉

野村俊一（のむら しゅんいち）

2012 年　総合研究大学院大学複合科学研究科博士課程修了
現　在　東京工業大学情報理工学院数理・計算科学系 助教
　　　　博士（統計科学）
専　攻　統計科学，統計地震学，健康科学，保険数理

統計学 **One Point 2**

カルマンフィルタ
—**R** を使った時系列予測と状態空間モデル—

Kalman Filter
—Time Series Prediction and
State Space Model Using R—

2016 年 9 月 15 日　初版 1 刷発行
2024 年 5 月 10 日　初版 5 刷発行

著　者　野村俊一 © 2016

発行者　南條光章

発行所　**共立出版株式会社**

〒112-0006
東京都文京区小日向 4-6-19
電話番号　03-3947-2511（代表）
振替口座　00110-2-57035
www.kyoritsu-pub.co.jp

印　刷　大日本法令印刷

製　本　協栄製本

一般社団法人
自然科学書協会
会員

検印廃止
NDC 417.6

ISBN 978-4-320-11253-7

Printed in Japan